JN102956

19世紀
「鉄と蒸気の時代」
における帆船

Sailing Ships in "The Iron and Steam Era" of the 19th Century

吉田 勉

YOSHIDA Tsutomu

溪水社

大扉の帆船の図は、ドナルド・マッケイ（Donald McKay）が設計した巨大クリッパージェームス・バインズ（James Baines）号で、帆を全て展張し1857年のインドの反乱の時に輸送船として活躍していた時の活動的な版画です。

は　し　が　き

　本書が主に対象にするのは、16 世紀から 20 世紀初頭にかけての「イギリス」である。イギリスは 19 世紀、「世界の工場」と言われ、当時世界の製造業の牽引的存在であった。その前提となったのが、おおよそ 1733 年から 1825 年にかけてイギリスに起こった産業革命（Industrial Revolution）であった。この産業革命は、織機・紡織機・化学工業・製鉄・動力機関・交通運輸手段など多くの分野の目覚ましい技術革新を伴った。

　本書は、このイギリス産業革命の過程で生じた、主として機械力（蒸気機関）による海上航海が可能になったにもかかわらず、19 世紀をとおして物資の輸送は従来の自然の力を利用した遅鈍で不規則な帆船によって担われ続けた要因について、19 世紀の海上輸送手段としての船舶における技術的変遷を基礎に、貿易統計や議会の報告書、それに法令といった史料も含め著者なりの分析と研究をまとめたものである。今回の出版にあたって、海や船の歴史に興味のある方々、または、イギリスの歴史や文化に関心がある方々も理解できるように文章表現をはじめとして可能な限り平易な表現に努めるとともに、造船を学ぶ学生への副読本として利用される事も考慮した。また、本書に引用した先人の研究に関する資料及び参考文献については、読者の今後の研究の一助となることと思われる。

　なお、本書に関連する筆者の論文は、次の学術誌に掲載されている。

1　吉田　勉「19 世紀蒸気船の時代における帆船　— 研究序説 —」広島大学大学院総合科学研究科社会文明研究講座『社会文化論集』編集委員会、『社会文化論集』第 12 号、2013 年、101-128 頁。

2　吉田　勉「帆船の進歩と木鉄交造船— 19 世紀蒸気船の時代における帆船の繁栄—」日本技術教育学会『技術史教育学会誌』第 14 巻第 2 号、2013 年、37-42 頁。（優秀講演論文賞受賞）

3　吉田　勉「船舶技術に対するスエズ運河開通のインパクト」日本産業技術史学会会誌『技術と文明』第 19 巻第 1 号、2014 年 9 月、21-33 頁。

目　　次

掲載図表一覧

19 世紀「鉄と蒸気の時代」における帆船

序　章
問題の所在、及び課題と検証方法

　船は、人類が地球上に現れたと同時に生みだされた史上最古の乗り物といわれるるほど古い歴史をもち、悠久とした時間の流れの中で船を考え、発達させてきた。そして、大きな船を動かすためには1人の人間の力による櫂の限界を知り、大勢の人間による櫂の利用や風力を利用する帆を思いつき推力を増強させるとともに、船体構造を工夫しながら次第に大型の船を考案してきた。紀元前27年から始まったローマ時代には、軍船だけでなく全長50mで複数の帆を持ち風上航走ができる商船隊が造られ地中海で活躍した。以降、船の推力は風力による帆船が主力となった。1400年代になると大航海時代がはじまり、西洋諸国は海外へ膨張し始め、ルネサンスで発達した科学が基礎となり大型木造帆船ガレオン船の建造技術、航海術、航海設備が大きく発展した。そして、1700年代後半になると産業革命の時代に入り、ジェームズ・ワット（James Watt）が発明した蒸気機関が生産効率を飛躍的に向上させた。この蒸気機関は、風力に頼る帆船にかわって輸送効率を大幅に向上させる手段としての舶用蒸気機関につながり、1800年代にはいると大西洋を横断できる蒸気船を完成させるにいたった。以降、人間の願望・工夫・達成そして新たな願望・工夫・達成の繰り返しの結果、船は大いなる進歩を遂げて、今日の全長350mもの大型客船や50万トンのタンカーなどの巨大船を生んだといえる。

　ヨーゼフ・アロイス・シュンペーター（Joseph Alois Schumpeter）は、19世紀の交通において、蒸気機関車による鉄道が生まれて運河と馬の役割が後退した状況を「駅馬車から汽車への変化」と表現し、この非連続的発展について「駅馬車をいくつ生産しても汽車になることはない」と論

じ、この非連続的発展こそが経済的発展の本質であると論じている[1]。自然環境を利用した帆船から、舶用蒸気機関の装備によって自力航行ができる蒸気船への移行は、画期的なイノベーションで非連続発展であると言えよう。この非連続発展を要求したのは、産業革命を通して発展した製造業と海運業という経済活動であり、この経済的発展が、蒸気船への移行を推進したのである。また、ダニエル・ヘッドリク（Daniel R. Headrick）は、鉄や鋼、化石燃料の利用による交通機関の発達とそれに伴う通信の進歩が、世界経済に様々な点で影響をおよぼし、貨物輸送のコストを低下させ、低廉な輸送は、また多くの商品の価格を低減させ需要と供給に弾力性のある商品にとっては、その効果は輸送量を著しく増大させ、「19世紀の新たな世界経済」を築き上げることになったと述べるとともに、19世紀の新しい船舶である、蒸気船について、当時の人々が最も印象づけられたのは、その速さであった。このため、1830年代及び1840年代には、蒸気船は速度が速く時間に正確で、高価ではあるが帆船に取って代わると見なされていた[2]。

　また、この蒸気機関の発展について、ジョージ・ポーター（George Rechardson Porter）は『国民・国家の進歩（*The Progress of The Nation, In Its Various Social and Economical Relations, from The Beginning of The Nineteenth Century to The Present Time*)』1851年度版で「異常な速さ」と言う表現で紹介し、「近い将来蒸気機関を装備した動力船が、帆船を凌駕するであろう」[3]と予言している。

　しかしながら、ジェラルド・グラハム（Gerald S. Graham）やチャールズ・フェイル（Charles E. Fayle）等の研究では、蒸気船の船腹量が帆船の船腹量を超えたのは、1880年代中頃になってからであり[4]、蒸気船が輸送量で帆船を凌駕したのは、ようやくスエズ運河開通から約20年以上経過した1890年代になってからである[5]。さらに言えば、この船腹量には近海及び沿岸航路の蒸気船が多数含まれており、この点を考慮すれば、長距離輸送において蒸気船が帆船を凌駕するのは19世紀の相当に遅くなってからであると考えるのが妥当であり、輸送量、船腹量いずれの場合におい

ても意外に遅いといえる。

　蒸気機関を装備した蒸気船は、当時の海運業界にとって待ち望まれていた新しい海上物資輸送手段であったにもかかわらず、海上における物資の輸送手段としての蒸気船は、陸上における新しい物資の輸送手段である鉄道に比べ、すぐにはかなえられず、19世紀末までの長い期間、帆船が予想に反して物資輸送を担い続けていた。

1　帆船から蒸気船への移行時期に関するこれまでの論点

　帆船から蒸気船への移行時期について、これまでの論点は、概ね2つに分類できる。その第1は海運業における経済性・労働生産性の面から論じられたものである。この論者の一人であるグラハムは、帆船と蒸気船の進歩の過程をたどり、石炭輸送、穀物輸送という大量で嵩張る安価な物資の輸送には、終始帆船が主要な輸送手段として活躍し、また、帆船船主は蒸気船に対抗すべく運用経費の低減対策を継続的に行い、運賃を安く抑えることに成功し、物資輸送の場における優位を維持したと論じている[6]。また、ダグラス・ノース（Douglass North）は、海上輸送市場はある意味競争的であり、船便にとっての需要は取引における大量の商品を求める要求に基づいており、より大きな輸送容積を必要とし、輸送収益の大半である少数の大量商品、即ち、小麦等の食料品や鉄鉱石等の工業用原材料のような大量輸送品は、価値としては高価な完成品や織物より低いが、海上取引にとっては大変重要な商品であった。帆船は蒸気船に比較して、これらの商品を輸送するために、各種の省人化蒸気動力機械類の導入等によって輸送経費の低減に努め、運賃を安く維持することによって利用率を向上させ、特に長距離航路における物資輸送において優位を維持したと論じている[7]。そして、ギャリー・ウォルトン（Gary M. Walton）も蒸気船の輸送運賃が、その建造費と運用に関わる乗組員の増加等により帆船より高額となること、帆船の運賃の低減努力による生産性の進歩によって、蒸気船の平均経費曲線が1880年代中頃まで、帆船のそれ以下に落ちなかった事を例に挙げている[8]。

第 2 のグループの論者は、主として舶用蒸気機関の技術的進歩の面を論じたもので、同時代人というべきウィリアム・リンゼイ（William S. Lindsay）や、やや時代が下がるが往時を知る英国海軍機関大佐であったエドガー・スミス（Edgar C. Smith）等が、こうした論調を代表する研究者であろう。海運業に関する最初の研究者として知られているリンゼイが 1867 に著述した、全 4 巻からなる大部なこの書物は、古代から 1870 年代までの海運史の研究であると同時に、特に第 4 巻は彼が生きた時代の海運業の分析で、舶用蒸気機関の進歩過程を詳細に調査している[9]。また、スミスは、18 世紀初期から 20 世紀の初めまでの舶用蒸気機関の技術的構造の進歩について詳細に調査し、その内容は推進機関やボイラ、及び補機の技術的進歩にまで及んでいる[10]。そして、両氏とも、蒸気船が帆船に代わって物資輸送を担える能力に到達したのは、早くて 1870 年代中頃であったと認識している。また、多くの歴史家の関心も蒸気機関に集中しており、蒸気船の未成熟という側面からの検証になっている。その要因として考えられることは、帆船が推進力として風力と海流という自然現象を利用していたために、彼らが研究の主な対象とした産業革命とは無関係な存在という印象を与えていたことにあると考えられる。このため、19 世紀をとおして帆船が物資輸送という場で、蒸気船より優位な地位をなぜ維持し得たのかについての、帆船に即して論じられたものは少ない。

　海運の主役が、帆船から蒸気船に移行するのに意外に多くの時間を要したことはすでに記述したとおりであるが、具体的にいつ頃この移行がなされたのかが問題となるであろう。

　海運の主役である船舶の、帆船から蒸気船への移行時期について、グラハムやノースは、1885 年以降に設定している。この説に対する反論として、1871 年から 1887 年の間におけるドイツ商船隊の蒸気船と帆船の生産性について研究・分析したラモン・クナイエルハーゼ（Ramon Knierhase）は、その論文の中で、「全生産性で 94.1% の増加を示し、その内の 68.3% は蒸気船への 2 段膨張機関の導入他による生産性の増加で、僅か 14.7% が帆船技術の発展による増加であった」[11]と結論し、グラハムやノースの

1880 年代においても帆船の重要性は存在していたとの主張に対して、蒸気船の重要性を強調した[12]。

　しかし、前出のウォルトンは、クナイエルハーゼが示した主要海運国の帆船と蒸気船の総トン数と蒸気船の輸送力には「輸送距離についての分析がなく、沿岸及び短距離に使用された蒸気船のトン数を削除すれば、帆船の輸送能力はより高く、仮に蒸気船 1 トンが帆船 3 トンと同等[13]としても、蒸気船の重要性が誇張されていると論じ、その理由として、当時の蒸気船は短距離で多く使用され、かつ燃料補給が頻繁であったことから、出入港回数が帆船より多くなることは当然である」[14]と反論し、「1875 年から 1880 年までに長距離における、帆船の能力が蒸気船より低かったという、クナイエルハーゼの結論は疑わしいものである」[15]と結論し、帆船から蒸気船への移行時期は 1880 年代中頃であるという説に賛同している。

　アダム・カーカルディー（Adam Kirkaldy）は、彼の著書 *British Shipping* で、1850 年から 1900 年の間における世界の船腹量とイギリスの船腹量（純トン数）を調査し、世界的な船腹量の比較でみると蒸気船が帆船を凌駕したのは 1890 年代であったが、イギリスだけで比較すると 1880 年代であったと記述している[16]。

　リチャード・テーミス（Richard Tames）は、イギリス海運業における帆船と蒸気船のトン数の推移[17]から、蒸気船の船腹量が帆船のそれを追い抜いたであろう時期は 1880 年代とし、技術面では、「1884 年に発明された舶用蒸気タービンの登場であった」[18]としている。

　一方、山田浩之氏は「海運業における交通革命」という論文で、2 段膨張機関の登場とスエズ運河の開通、及び 1860 年代に郵便補助金に頼らない蒸気船会社が現れたことを根拠に、「1860 年代が帆船から蒸気船への移行が行われた決定的時点であり、海運業の近代的構成が成立した時点である」[19]と論じている。彼は、数とか量といった物理的な点を根拠にしたものではないが、効率的な舶用蒸気機関の登場という技術の進歩と、スエズ運河の開通や港湾設備等のインフラストラクチュア（infrastructure）の整備とを合わせた考え方を示した。

以上のように、帆船から蒸気船への移行時期についての論点には、(1) 船腹量や物資輸送量といった量的な面で論じれらたもの、(2) 舶用蒸気機関の進歩のような技術面から論じられたもの、(3) スエズ運河の開通のようなインフラストラクチュアの整備の面から論じられたものがある。

　一方、『舶用蒸気タービン百年の航跡』の著者、坂上茂樹氏は、構造技術、動力技術、通信／制御技術の３つを技術サブシステムと捉え、これら３つを適時組合せることによって現代機械が構成されているとし、各々の技術サブシステムは単独ではほとんど意味をなさず、他のそれと組み合わされねばならない存在であると述べている。これら３つの技術サブシステムによって基礎づけられるハードな構造物の具体的な例としてあげられる人工物として、橋梁、発電所、船舶、航空機、自動車、無線機等々がある。そして、船舶と舶用蒸気タービンを取上げ、技術サブシステム相互間におけるアンバランスが大きければ大きいほど作品たる上位システムの維持は困難となり、時には大惨事を引き起こすこともあると述べている[20]。

　これまでの移行時期に関する諸見解が概ね、舶用蒸気機関のみの進歩を取り上げていたのに対して、坂上茂樹氏のこの見解は、造船技術を複合的技術としてとらえ、船を構成する個々の構成品、例えば船体、機関、推進器、帆走装置、及び船上艤装品といったものを要素技術と考え、これら要素技術相互間の進歩の遅れ・進みという不整合の是正をとおして、船舶と言う建造物が、その使用目的を果たし得る機能・性能を確立していく過程、すなわち、帆船と蒸気船の進歩の過程を検証する視座を提供するものであろう。

　さらに、産業革命によって生まれた新しい技術と製造業、それにともなう19世紀の社会的・経済的な変化という背景を踏まえ、帆船から蒸気船への移行過程を再検証しなければならないであろう。

2　本書の課題と検証方法

　本書の課題は、「鉄と蒸気の時代」と言われた19世紀において、蒸気船ではなく帆船が物資輸送を担い続けた要因について、第１に、帆船と蒸気

船の進歩を、当時の製造業の進歩と関連付け、技術的、体系的に見直すことによって、帆船が優位を維持し得た要因を解明することにある。第2に、風力と海流という自然現象を利用した旧態依然と思われた帆船が、19世紀を通して優位を維持し続けた点について、当時の社会的・経済的な背景を通して明らかにすることである。第3に、明らかに蒸気船に有利に働いたスエズ運河の開通以降においても、帆船が優位を維持できた要因を、蒸気船と海運の変化をとおして明らかにすることである。第4に、帆船から蒸気船への移行時期を、坂上茂樹氏の指摘を参考に、帆船と蒸気船を構成する各要素技術の不整合の是正過程という、従来とは違った側面から再考することである。

　以上の課題を解明することによって、19世紀を通して帆船が如何にして蒸気船に対して、物資輸送という場において優位を維持し得たかを明らかにすることを目的とする。

　まずその背景を確認する意味で、19世紀にいたるまでの造船技術の状況と、19世紀初期に起こった船舶需要の急増と、需要に対する船舶の供給における問題とその対応について検証する。

　つづいて、新たな海上物資輸送手段として期待されて登場した蒸気船が、期待に応えられなかった要因について、蒸気船の推進力であった舶用蒸気機関の当時の実情を明らかにし、その問題点に対する技術的対応等について、当時の資料に沿って検証する。

　さらに、従来、等閑視される傾向のあった帆船の進歩について、当時のアメリカとイギリスの造船と海運の状況を比較し、クリッパーの登場や木鉄交造船をはじめとする帆船の技術的進歩・進化を詳細に検証するとともに、帆船の物資輸送における優位を継続させた、海洋に関する知識の発展等、技術面以外の要因、及び航海条例（Navigation Acts）等の法制度の問題点について考察する。

　また、舶用蒸気機関の燃料効率を大幅に改善し、蒸気船の物資積載能力を増加させた2段膨張機関の発明や、航海距離の短縮等、蒸気船にとって有利に働いたスエズ運河の開通以降においても、船腹量、物資輸送量とも

に依然として帆船が優位を維持し得た要因について、蒸気機関の進歩とスエズ運河の開通が蒸気船と帆船の建造技術へ与えた影響についても論ずる。

　最後に、造船技術の複合的性格に着目し、帆船と蒸気船の建造を通して、それを構成する各要素技術相互間の整合性・照応という視点から、帆船から蒸気船への移行時期について再考する。

　おわりにでは、各章の結果を整理し、帆船から蒸気船への海運の主役交替の意外な遅れ、帆船の健闘の要因を探るという本書の課題に迫りたい。

3　Lloyd's Register について

　本書の記述にあたっては同時代の文献等を重視しつつ、主としてロイド船級協会[21]（*The Society of Lloyd's Register of British and Foreign Shipping*；一般的には単に Lloyd's Register と呼ぶ）の記録、『イギリス歴史統計（原題：*British Historical Statistics*, Cambridge University Press, 1988)』等を一次資料として活用している。ここで、Lloyd's Register について触れておきたい。

　1760 年、ロイドに出入りしていた海上保険業者は、過去と現在の船舶名、船主、船齢、乗員数、積載量、船体艤装状態等を記載した船名録（Register of Shipping）を出版するため協会（Society）を組織した。この最も古いコピーが Lloyd's Register Office の図書館に残っているが、それは、1764－65－66 年のものである。そして、この『船名録』のほとんどは小型船であったが、400 トンから 600 トンまでのもの数隻、800 トンのもの 2 隻、900 トンのもの 1 隻を含めて、約 4500 隻の船の詳細が掲載されている。当時の船舶等級は、A、E、I、O、U の 5 等級、艤装については G、M、B（Good, Middle, Bad）の 3 等級であり、等級 AG は最も良い状態の船（first-class ship）を意味し、UB は最も低い等級の船（lowest class ship）を意味している[22]。この『船名録』は、"Underwriters' Register" 又は "Green Book" と呼ばれた。1797 年に改正された船舶等級標準は、ロンドンで建造された船舶に有利で、他の場所で建造された船舶には不利

に作用するものであったために、これに不満をもった船主が 1799 年に
New Register Book of Shipping を発行し、従来の "Green Book" に対し
て "Red Book" と称して互いに競争を始めた。1823 年に両者がロンドン
に集まって調停を図ったが不成功に終わった。ところが、1827 年にアン
トワープにおいて船級船名録発行組合が設立され、それが 1832 年にパリ
に移転してビューロー・ヴェリスタス（Bureau Veristas）と改称し、着々
と事業を拡大したことに刺激を受け、1834 年に両社は合併し、海事専門
家をもってするロイド船級協会を組織した。この時、船級協会は保険業者
の組合から分離独立した[23]。この間の 1813 年には鉄の鋼索が現れ、また
1821 年にグリーノックで建造された蒸気船ジェームズ・ワット号（James
Watt）294 トンが、1822 年に記載されている。1827 年には 81 隻の蒸気船
が、1832 年には 100 隻の蒸気船の記載がある[24]。その後、ロイド船級協
会は、1835 年に木船構造規則を制定し、1836 年には「鉄造船」という記
事が初めて記載され、このため造船業者と協力し 1854 年に鉄船構造規則、
1868 年に木鉄交造船規則、1885 年に鋼船構造規則を制定している。この
船を等級づけるロイドの規則は、造船技術を改善するために最大の価値を
持ち、艤装品の検査は海上における生命・財産の損失を防ぐのに多大の貢
献をしている。

　また、船舶建造規則（*Lloyd's Register of Shipping Rules and Regulations*）
を発行し、造船を監督検査し、検査員（Lloyd's Surveyer）が全世界の主要
港に配置された。船舶は全使用期間中定期検査が行われ、船級が維持され
る。

　船級事業は 19 世紀中頃までロイド船級協会とビューロー・ヴェリスタ
スとの両組合に委ねられていたが、蒸気船、鉄鋼船の勃興、諸国における
造船、海運、海上保険の発展により、次に掲げるように、この種の事業が
続出した。

- ・The British Corporation for the Survey and Register of Shipping
  （1890 年設立）
- ・The American Bureau of Shipping（1867 年設立）

- The United States Steamship Owner's, Building's and Underwriter's Association
- The Inland Lloyd's of the United States
- The Germanischer Lloyd's and the Stettiner Register（1867 年設立）
- The Nederlandische Werienigung
- The Norske Veritas（1894 年設立）
- The Registro Nazionale Italiano（1861 年設立）
- The Veritas Hellene
- 日本海事協会（明治 32 年、帝国海事協会として設立）

　課題を検討するにあたっては、このようなロイド船級協会の記録等、同時代の文献を読むことを通じて史実を再構成する、いわゆる文献実証の方法を採用している。

序章の注

1 ） Joseph Alois Schumpeter（塩野谷祐一、中山伊知郎、東畑誠一訳）『経済発展の理論上』岩波書店、1977 年、171 頁。

2 ） Daniel R. Headrick, *The Tentacles of Progress: Technoloby Transfer in the Age of Imperialism, 1850-1940*, Oxford University Press, 1988, pp. 18-25.

3 ） George Richardson Porter, *The Progress of The Nation, In Its Various Social and Economical Relations, from The Beginning of The Nineteenth Century to The Present Time*, Charles Knight And Co., 1851, pp. 319-320.

4 ） C. E. Fayle, *A Short History of the World's Shipping Industry*, George Allen & Uuwin Ltd., 1933, p. 246.

5 ） Gerald S. Graham, "The Ascendancy of the Sailing Ship 1850-85", *The Economic History Review*, New Series, Vol. 9, No. 1, 1956, p. 75.; Fayle, *Ibid.*, pp. 246-247.

6 ） Graham, *op. cit.*, pp. 74-88.

7 ） Douglass North, "Ocean Freight Rates and Economic Development 1750-1913", *The Journal of Economic History*, Vol. 18, No. 4, 1958, pp. 537-555.

8 ） Gary M. Walton, "Productivity Change in Ocean Shipping after 1870: A comment", *The Journal of Economic History*, Vol. 30, No. 2, 1970, pp. 435-441.

9 ） Willliam Schaw Lindsay, *History of Merchant Shipping and Ancient Commerce*, Vol. 4, Sampson Low, Marston, Low, and Searle, 1876.

10） Edger C. Smith, *A Short History of Naval and Marine Engineering*, Babcok And Wilcox, LTD. 1937.；国内では、矢崎信之著『舶用機関史話』天然社、昭和 16 年

がある。

11）　Ramon Knauerhase, "The Compound Steam Engine and Productivity Change in the German Merchant Marine Fleet, 1870-1889", *The Journal of Economic History*, Vol. 28, 1963, p. 401.

12）　クナイエルハーゼは、1870 年から 1900 年までの 10 年間ごとの、当時の主要海運国の帆船と蒸気船の総トン数と、蒸気船の輸送力と、ドイツ商船隊の蒸気船と帆船の分析記録から、帆船から蒸気船への移行時期は、1875 年から 1880 年であると主張した（*Ibid*. P. 393.）。：主要海運国に登録された帆船と蒸気船の輸送力（単位：1000 純トン）を、表にして示すと以下のようになる。

年	帆　船	蒸気船	帆船に換算した蒸気船[※]	蒸気船比率	
				純トン数に対し	運送力に対し
1870	12,242	1,756	5,268	12.5	30.0
1880	11,878	3,986	11,958	25.1	50.2
1890	9,137	7,707	23,121	45.7	71.7
1900	6,743	11,939	35,817	63.9	84.1

※：帆船に換算した蒸気船とは、蒸気船 1 純トン数が帆船 3 純トン数に相当するとして換算

出典：Charles Fayle, *A Short History of the World's Shipping Industry*, The Dial Press, 1933, pp. 246-247.

13）　帆船の輸送能力を、蒸気船の 4 分の 1 とする論文もある；Adam W. Kirkaldy, *British Shipping: Its History, Organisation and Importance*, Kegan Paul, Trench, Trubner & Co., Ltd. London, 1914, Appendix XVII; A. P. "The Growth of English Shipping, 1572-1922", *Quarterly Journal of Economics*, May 1928, p. 466.

14）　Walton, *op. cit.*, p. 436.

15）　*Ibid.*, p. 439.

16）　Kirkaldy, *op. cit.*, p. 318.：1850 年から 1900 年までの期間における、世界船腹量とイギリス船腹量（純トン数（Net tonnage））を表に示すとして、次のようになる。

	1850	1860	1870	1880	1890	1900
世界船腹量	9,032,190	13,295,302	16,765,205	19,991,863	22,265,598	26,205,398
内訳 帆船	8,300,378	11,884,810	14,111,006	14,541,684	12,016,963	9,993,075
内訳 蒸気船	732,812	1,405,492	2,654,199	5,450,179	10,248,635	16,212,323
イギリス	4,232,962	5,800,969	7,169,134	8,447,171	9,688,088	10,751,392
内訳 帆船	4,045,331	5,300,825	5,947,000	5,497,889	4,274,382	3,011,594
内訳 蒸気船	187,631	500,144	1,202,134	2,949,282	5,413,706	7,739,798
世界に対する比率	46.86%	43.64%	42.64%	42.25%	43.51%	41.02%
汽船1t ＝ 帆船4t に換算した比率	42.69%	41.70%	43.49%	47.55%	48.94%	45.39%

出典：A. W. Kirkaldy, *British Shipping*, Kegan Paul, Trench, Trubner & Co., Ltd., 1913, Appendix XVII より算出

17) イギリス海運業における帆船と蒸気船のトン数の推移を、表に示すと以下のようになる。

年	帆　船	蒸気船
1853	3.8	0.25
1873	4.1	1.7
1893	3.0	5.7
1913	0.8	11.3

出典：Richard Tames, *The Transport Revolution in the 19th Century. 3. Shipping*. Oxford University Press, 1971, p. 24.

18) Richard Tames, *The Transport Revolution in the 19th Century. 3. Shipping*, Oxford University Press, 1971, p. 24.

19) 山田浩之「海運業における交通革命」、『交通学研究―1958年研究年報―』日本交通学会、1958年、269、277頁

20) 坂上茂樹『舶用蒸気タービン百年の航跡』ユニオンプレス、2002年、1-9頁。

21) ロイド船級協会の歴史は、古く1668年にエドワード・ロイド（Edward Lloyd）が開店した、ロイド・コーヒー店にはじまる。18世紀初頭、船舶の多くは投機の対象として建造されていた。これら船舶の船主は、自己の船舶のために商品として積荷を購入し、それを販売して利益を得たのであるが、有利な商品がない時には運賃を取得する目的で物資を積み、運送業者として利益を得る場合もあった。貿易量の増大に伴い、このような船腹の利用法が次第に有利となり、運送業務自体が通商活動からは独立した専門分野として登場するに至った。それに伴い、海上運送に便宜を提供する船舶ブローカー、海上保険業者、保険ブローカーも出現

した。それらの人々は、船主と同様に、新聞とコーヒー店に助けられて生成発展を遂げていった。17世紀後半及び18世紀の新聞の大部分は、海運関係の記事や広告を多く載せていた。殊にコーヒー店で行われる船舶競売に関する広告が多かった。それらのうち、海運の発展に絶大の役割を果たしたのは、言うまでもなくロイドである。ロイド・コーヒー店は、1668年2月18日〜21日付のロンドン・ガゼット（London Gazette）に「タワー・ストリート・ロイド・コーヒー店」の広告が掲載されている；The Chairman and Committee of Lloyd's Register of British & Foreign Shipping, *Annals of Lloyd's Register, 1834-1884.* Wyman and Sons, 1884, p. 3., 1692年には、Lombard Street に移転したが、コーヒー店経営のかたわら、海事情報の収集に努め、ニュースを顧客に提供するため、まず手書きの船名表（Ship's List）が作られた。これが次第に大きくなって、1696年ロイド・ニュース（Lloyd's News 週三回発行）の発行となった。1697年2月第76号をもって廃刊となったが、1726年に至って週刊の Lloyd's List として復刊され、これが今日世界で最も有力な日刊海事新聞 Lloyd's List and Shipping Gazette の起源である：*Ibid.,* pp. 6-7.

22)　*Ibid.,* pp. 6-7.

23)　*Ibid.,* pp. 43-52.：ロイド船級協会は現在でも世界各地の造船所に建造検査員を派遣、或いは常駐させ、船舶が建造仕様書で示された能力・性能を発揮できるように、定められた規則に従って建造されているかを、監督・検査している。このロイド船級協会の建造船舶に対する監督・検査業務は、古く18世末まで遡り、本研究の対象期間である19世紀にはイギリス本国は勿論、植民地であったインド、米国、カナダにも検査官を派遣、或いは常駐させており、航海で発生した各種事故に対する検証も行っている。

24)　*Ibid.,* pp. 25-27.

第1章
19世紀における造船技術と海運

本章では、19世紀に至るまでの造船技術の進歩の歴史を簡単に振り返り、あわせて造船業と海運業における産業革命との関係についても見てみる。

1.1 19世紀に至るまでの造船技術の進歩の概要

1650年から1830年までの帆船の歴史における、航海関連技術の進歩の中で特に重要であったのは、舵輪、銅による船底被覆、六分儀及びクロノメーター（精密時計または時辰儀）であった。一方、造船においては、17世紀以降ヨーロッパの列強は海軍力の増強に力を入れ、新しい造船所の建設を進めており、イギリスでは、1671年にオランダに対抗する目的でメドウェイ川のシアネスに造船所が開かれ、1690年にはもう一か所デヴォン州のプリマスにも造船所の建設が始まっているものの、造船技術の進歩は非常にゆっくりとしたものであった。

造船学の分野では、18世紀にはほとんど理論的な実験は見られなかったが、軍艦建造に関しては一定の原理が生まれている。また、造船設計においては、多くの科学的な知識が、伝統的な実用技術と結び合わされるに従って着実に進歩した。17世紀中頃までは、船の最善の設計を見出すために、造船工達は過去の経験に依存していたが、17世紀の終わり頃には、新しい科学—即ち造船学—が登場している。それは、応用幾何学に基づいたものであった。1670年にイギリスの造船工アンソニー・ディーン（Anthony Dien）は、『造船学の原理（*Doctrine of Naval Architecture*）』を出版し、船体の容積や、それが水に浮く高さを計算することが可能であるこ

とを示した。次の18世紀において、スウェーデンの造船技師フレデリック・アフ・シャップマン（Fredrick Henrik af Chapman）は、科学としての造船の概念に重要な貢献を果たし、船の建造、安定性、機能について論じ、船を造る前に、その安定性を計算することが可能であるとし、造船学は更に進歩した。

　最初の造船学の学校は、1741年にパリで開校された。創始者は、フランス海軍の監察総監デュアメル・デュ・モンソー（Duhamel du Monceau）で、彼は、1782年に亡くなるまで同校の校長であった。

　17、18世紀は商船が技術開発の発信源となることはなかった。舵輪や銅板被覆などの革新的技術はまず海軍で試され、それから商船に採用された。商船の船主も船乗りも、新技術に関しては海軍より保守的で、新しいことを試みて自分たちの生命や財産を危険にさらすというような気持ちは余りなかった。商船の発達の様子は、前出のシャップマンが1768年に出版した『商船建造術（*Merchant Naval Architecture*）』に記録されている。この書物には、18世紀ヨーロッパの商船のほとんど全てが詳細に解説され、また図版が多数収録され、広範囲にわたる調査旅行と研究の成果に基づいた彼の精密な版画は船舶製図者の鑑となった。著書の中で彼は「沿岸航行用の船には、各国の地理的条件と産業の特徴が反映されている」と指摘している。

　18世紀末頃には、米国で速度を最優先とした新しい快速の帆船が建造され始め、これら快速帆船は、当初は大規模な貿易の周辺部（沿岸部）で使われることが多く、この種の船はボルティモアで建造されたことからボルティモア・クリッパー（Baltimore clipper）と呼ばれた。

1.1.1　科学的な造船業

　経験に基づく造船業から科学的な造船業への変化は、イギリスのジョン・スコット・ラッセル（John S. Russell）に始まる。それ以前では船舶の設計と建造は、海事技師の勘と経験により行われてきた。ラッセルはグラスゴー大学を卒業し、当初、運河用の平底荷物船の設計から船舶運航に対

する水の抵抗に関心を持ち、1837 年にエディンバラの王立学士院でその調査研究報告を行っている。さらに船舶の並進に伴う波形を分析し、船舶建造における波動線理論（Wave-Line Theory）を考案した。そして、1854年に、当時としては画期的な巨大鉄船グレート・イースタン号（Great Eastern）の建造に参加している。

1.1.2　船型研究

　科学を基礎とした、本格的な船体模型を使用した水槽試験は 19 世紀後半に始まるが、船体模型による船型試験は、早くも 1670 年にイギリスで行われていたという記録があるが、それ以降の例として、18 世紀に工芸協会（The Society of Arts）の後援を得て、造船技術改善協会（The Society for the Improvement of Naval Architecture）が 1790 年に実験を行い、その実験記録が残っている。

　ヨーロッパ大陸では、シャップマンがオランダの海軍工廠（造船所）の実水面において、1754 年に図 1 に示すような装置によって最初の試験を行い、その後 20 年間にわたり錘の落下を利用した水上引っ張り試験を行っている。このシャップマンの試験は徹底しており、7 種類の形の異なる船体模型（船長約 70cm）を使用し、錘の重量を色々と変化（模型船の速力を変化）させ水上を 20m 以上進ませている。彼のこの試験結果は、1775年に『造船に関する論文（*Treatise on Shipping*）』にまとめられている。彼の実験による主な結果は次のとおりであり、

　　① 　低速においては、鋭い船首をもったものが最も抵抗がすくない。
　　② 　より速度が速い場合はある角度で交差し、鈍い船首の方が抵抗が少なくなる。
　　③ 　求められる速度は、最大幅の位置で決まる。

というものであったが、同時に、シャップマンは「これらの結果は適切な船型についての全ての結論を導くものではなく、長さ、船体中央部分の幅、及びその他について、より総合的な更なる研究が必要である」とも記録している。1793 年に彼は海軍を退職したが、1794 年に、再び抵抗に関

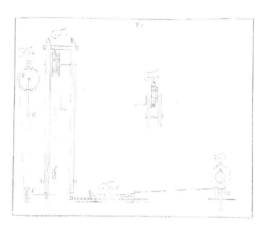

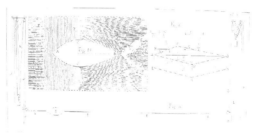

図 1　シャップマンの引っ張り試験装置

出典：Larrie D. Ferriro, *Ships And Science*, The MIT Press, 2007, p. 155.

する研究を続けるよう指示を受け、彼の土地に長さ 20 m のため池を堀り、各種船体模型を使用し、船尾と船首のサイズと角度、そしてそれらの抵抗との関係を求める努力を行った。その結果、船尾の形状が最も重要で、その角度が船体中心線と 13° 17′ の角度の場合に抵抗が最も少ないことを見つけている[1]。

　この船体抵抗に関する実験は、スウェーデンだけでなく、同時期にフランスの軍学校（École Militaire）のチャールズ・ボシュ（Charles Bossut）等によってパリの軍学校の近くの池に同様の試験装置を建設し実験をおこなっている[2]。

1.1.3　船体強度に関する研究

　造船における船体強度の問題の技術的基礎は、フランスの地理学者で数学者であったピエール・ブーゲ（Pierre Bouguer）によって築かれた。今日でも造船工学の基礎知識である「メタセンター」（船が平衡の位置から傾いたときの船体の中心線と浮心の作用線の交点。船の復元性を考察する際の尺度となる）の概念を提唱し、1746年にパリで発行された彼の『船舶概論（*Traité du Navire*）』は、ほとんどあらゆる造船技術の知識の根本が具体的に述べられている。彼は単純な台形法則に基づいて、今日では造船技術の日常的な仕事の中に入り込んでいる流体静力学計算の輪郭をほとんど確立し、さらに、ブーゲは船体強度の解析に関する原理の概要も述べている。木造船は「弓形に曲がる」すなわち「ホッギング（Hogging：ふくらみ）」の傾向があるが、彼は、この傾向は船の中央部よりも前後の部分で、重量と浮力の分布が不釣合いのために起こるということを明らかにし、内部から船体を強めるために、船の中心線に沿って引っ張り部材には鍛鉄を、圧縮部材には木材を用いたトラス桁構造を取付けることを提案した[3]。また、彼は重量分布について、近似法も提案している。その後、1811年に、今日用いられている近似法に近い正確な近似法がトーマス・ヤング（Thomas Young）によって提唱された。しかし、ブーゲもヤングも、船が波の間を通って進む場合に生ずる浮力分布の変化を考慮に入れていなかった。

1.1.4　帆船の建造技術

　British Shipping の著者ローランド・ホブハウス・ソーントン（R.H. Thornton）は、「今日でも造船学は非常に保守性の高い学問であり、先進的な発明は一般的でなく、そして、純粋な物理学に基づく、船舶を進化させるための新たな提案を歓迎する造船家もいない。今日、最も大きくて複雑な船も、昨日の船を少しばかり大きくし複雑にしただけであり、近代造船学における進歩は、以前の船にほんの少しの改善を反映さることであった。浮かぶ船が建造され、人を乗せて進ませるという原理に対し、目立っ

21

た進歩はなく、1618 年から 1810 年の間における船の改善に関する、全ての特許文書を詳細に調査しても価値ある改善記録はなかった。18 世紀全体を通してみても、イギリスの商船の平均トン数が 80 トンから 100 トンに増加しただけである。そして、イギリスの船のデザインにおける完全な停滞は、航海条例によるイギリス船舶の保護政策に起因していた」[4] と、近代造船学の進歩の遅さ述べている。また、*Ships and Science* の著者ラリー・フェリーロ（Larrie D. Ferreiro）は、「船舶の建造は 17 世紀末まで、単に大工仕事、船大工と呼ばれていた。そこには、科学的な知識を導入した技術によってではなく、これまでの経験に基づく知識に基づいていた」[5] と述べている。

特徴的な例として、1819 年に建造された最初の鉄造船は木造船の仕様に即して建造され、横軸の肋材がふんだんに用いられ、鉄板そのものの強度は全く利用されなかった。すなわち、鉄の強度に関する知識が十分活かされていなかったといえる。このように、船舶の建造技術の進歩は非常にゆっくりとしたものであった。

これらの要因には、造船そのものに対する技術的保守性の他に、後述する各種の法的規制、例えばトン税測定法（Tonnage Laws：船舶積載量測定法との訳もあるが、本文ではトン税測定法とする。詳細は 4.5.1 節）のように、船に課せられる税金の算定法の問題や、イギリスの航海条例に代表される自国船舶に対する保護的施策も要因であった。このトン税測定法は、イギリス及びその植民地において遵守義務が課せられていた。その後、イギリスから独立したアメリカにおいては、旧世界の複雑な法律や偏見等から完全に解放され、自由に独自の発想をする造船家が現れた。加えて、豊富な軟質木材を使用した船は、安価で十分巧妙に建造されていた。ドナルド・マッケイ（Donald Mckey）のようなアメリカの造船家は、帆走のための推進に関する基礎的原理を研究し、過去 300 年の帆船の造船技術の歴史を 50 年で学びとった。彼らが建造した船は頑丈であるばかりでなく良く管理されていた。

また、イギリスの船員が一部の例外を除いて、学術的知識が少なかった

のに対して、アメリカの船員は、支払われた賃金も英国の2倍から3倍であったが、士官は公立中等学校（grammar school）から選抜され、最初から数学の基礎知識を有し、その後、航海学そして船舶の管理を学んでおり、イギリスの船乗りが徒弟制に偏っていたのに比べ高学歴であった[6]。

1.1.5　木造帆船の建造手順

　ここで、当時の木造帆船の建造手順について見てみよう。まず背骨に相当するキールが据えられるが、船長相当の長さに見合う一本棒の材木の入手は困難であったため、太い楡材を必要な長さ毎にボルトや鎹を使って締め付けたもので、約1.5mほどの間隔に置かれた樫の角材（船台）の上で組み立てられた。浅瀬に乗り揚げたときに、主キールを保護するために、キールの下面と側面は同じ楡材の補助キール（false keel）を銅釘でとり付けることもあった。船体の大部分を構成する木材の大部分は樫材であったが、そのほとんどはイングランド南部の王室所有林から産出されていた。樫材は非常に高価であり、しかも造船用には最上級の木材が必要とされるとともに、船材として加工するまでに十分な乾燥が必要であり、伐採後1年間は使用できなかった。

　造船所に運び込まれた木材は、使用個所に応じてそれぞれの乾燥小屋に置かれ、また木材を使用する際、肋骨に使用する木材は曲げやすいよう海

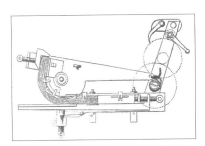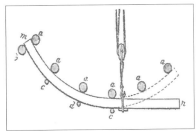

図2　肋骨用木材等の曲げ加工法

出典：Charles Desmond, *Wooden Ship-Building*, The Rudder Publishing Company, 1919, pp. 10-12.

水に浸されたり、窯の中で数時間蒸されたのち、図2に示すような方法で曲げ加工された。

　建造は戸外で行われ、世界中の海域で航海できるようにという理由で、当時は肋骨が取り付けられた状態で12カ月あまりそのまま放置された。このため、乾湿の交互作用によって木材内部の腐食を誘発し、外板が張られる前に内部構造が腐り始め、肋骨の接合部や隙間には苔やカビが繁殖していた。このような状況で建造された木造帆船の寿命は、最良の条件下で建造された場合は100年近く使用できたのに対して、平均して10年ないし15年といったところであり、それ以上長く使用された木造帆船は、建造価格を上回る修理費用を投じて大々的な改修が行われた。このような改修がなされなければ、ほとんどの木造帆船は就役後2ないし3年で腐り始めることが極めて頻繁であった。1812年に進水した三層甲板の木造戦艦が、わずか1年で腐敗のため使えなくなったというような極端な例もある[7]。

　また、船底に海洋生物が付着し船足（船速）の低下を防ぐ方法として船底部を銅板で覆う技術が18世紀中頃に開発された。これは木造船であったからこそ可能となった技術であった。ただし、銅の被覆によって近接する鉄材が腐食を起こすという欠点があったが、その原因が解明されたのは、かなり後になってからである[8]。この船底への銅板被覆技術については、4.2項で詳述する。

1.1.6　帆船の船型について

　帆船の船型は、19世紀中葉のトン税測定法の改正までは、タブーや慣習や木材建造による自然的制約だけではなく、政府の規則であるトン税測定法という足枷によって、船底が深く、鈍足で、船底・舷側ともに平板な商船が建造されていた。というのも、船舶登録に船の載貨能力を記入する際、測定の対象は船の全長と船幅だけで、深さは船幅の2分の1と仮定されていたからであり、この曖昧な登録法に基づいて港湾税や灯台税が支払われるために、この課税金額を低く抑える目的から、イギリスの船主達が

競って船幅を大きくせずに船倉だけを深くしていったのも当然であった。このため、船は速力も遅く、操船が難しく、何よりも非常に不安定なものであった。この法律の改正によって、船腹が狭く船底の深い船型が姿を消し、ようやくイギリス帆船の技術的発展も本格化し始めた。航海条例撤廃以前の最も重要な改革といわれる 1836 年のトン税測定法の改正と 1854 年の商船法（Merchant Shipping Acts）の制定は、明らかにこうした不合理を正すことを目的としていた。1836 年の改正トン税測定法は強制法であったが、全ての船に対して必須ではなく、旧植民地であったアメリカでは、旧トン税測定法が完全に廃止される 1864 年まで旧測定法で建造されていた[9]。

　また、ヨーロッパに比較し、アジアにおける船のタイプと建造方法ははるかに専門化しており、海域によって船体の形状に違いが見られただけでなく、同一の交易圏でも特定の水域や特定の航行条件にのみ適した、高度に専門化した船が存在していた。一方、ヨーロッパの帆船には、型の多様化などはほとんど見られず、16 世紀から 19 世紀初頭までの間に、船体の形状やダウ船の三角帆（縦帆）の導入、マスト数の増加や索具に漸次いくつかの改善が重ねられてきたとはいえ、蒸気船が登場するまで根本的に新しいタイプの船を見ることはなかった。このことは、ヨーロッパの造船技術が保守的であったことを如実に表しているともいえる[10]。

1.2　蒸気船の登場

　蒸気機関の船舶への応用は、ワットによる複動式蒸気機関の発明によって上下運動が円滑化されたことと、1781 年に遊星歯車を使用してピストンの往復運動を軸の回転運動に変えることが可能となったことにある。この発明によって、蒸気機関はあらゆる機械を動かす動力源となった。図 3 に示すように、トーマス・ニューコメン（Thomas Newcomen）の蒸気機関は不均一な上下運動しかできなかったが、ワットの蒸気機関はなめらかな回転運動が可能となり、活用範囲が大きく広がった。

　外車を回転させる蒸気船の登場は、自然現象である風や海流といった他

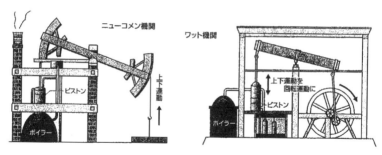

図3　ニューコメン機関とワット機関

力航行から、蒸気動力による自力航行が可能となったという点で画期的な
ものであった。また、この自力航行は、モンスーンという順風を待つ必要
もないため、航海に定期性が期待され、海運業界からは、帆船に替わる新
しい海上輸送手段として早期の活躍が期待された。

　この蒸気機関を搭載した蒸気船の試作は、古く 18 世紀初めにすでに行
われていた。フランスのドニ・パパン（Denis Papin）がカッセル（Cassel）
で 1707 年に模型蒸気船を試走実験したことから始まり、1737 年にはジョ
ナサン・ハルズ（Jonathan Hulls）がエイボン（Avon）河のエバシャム
（Evesham）でニューコメン機関を用いたパドル式（外車）蒸気船航行に成
功している。

1.2.1　実用蒸気船の始まり

　蒸気力で動く船は 1775 年 J. C. ペリエが（J. C. Perier）、パリの近くのセ
ーヌ川で実験用に動かしたのが最初であり、その蒸気シリンダの直径は、
わずか 8 インチ（約 19.3 cm）で、十分な推力を発生させることはできな
かった。3 年後にクロード・フランソワ・ドロテ・ジュフロア・ダバン侯
爵（Claude-François-Dorothée, marquis de Jouffroy d'Abbans）がドゥブー
（Doubs）川で「掌足」水かきによる実験を行ったが失敗に終わった。し
かし 1783 年に至って、彼の外車蒸気船、ピロスカフ号（Pyroscaphe）排
水量 182 トンがリヨン（Lyon）の近くのソーヌ（Saône）川をさかのぼり

図4　ミラー、テイラー、サイミントンによる最初の蒸気船（1788年）
出典：小林学『19世紀における高圧蒸気原動機の発展に関する研究』北海道大学出版
　　　会、2013年、34頁。

大成功を収めている。

　このように、1770、80年代には、ワットが発明した蒸気機関を用いて、多くの蒸気船の試作が試みられている。フランスでは1783年に、前出のクロード・ダバン侯爵がローヌ（Rhône）河でボートを建造し、アメリカでは1786年にジェームズ・ラムゼイ（James Ramsey）がパワー・ポンプのプロペラ推力で動く小型船を建造している。また、船の蒸気推進に関する先駆的な仕事としては、1788年にアメリカの発明家ジョン・フィッチ（John Fitch）が提案した鎖を輪にして多数の水かきフロートをつけ、これを蒸気で動かすというものがある[11]。2年後の1790年に、彼はこの提案を実現しオール（櫂）運転の船舶を建造しているが、いずれも蒸気機関と駆動装置に強度上の問題が発生し、連続的運航ができ実用に耐えることができる蒸気船をつくることはできなかった。

　スコットランドでは、1788年にウィリアム・サイミントン（William

図 5　シャーロット・ダンダス号の航行図

出典：上野喜一郎、『船の歴史（第 3 巻）』天然社、1958 年、91 頁。

Symington）が大気圧蒸気機関を製作し、これを搭載した図 4 に示す外車蒸気船がダルスウィントン（Dalswinton）湖で、エディンバラの銅鋳造業者ウォール（Wall）によって、パトリック・ミラー（Patrick Miller）、ジェームズ・テイラー（James Taylor）らの協力を得て設計・試作されている。

　その後、1789 年にミラーの指揮のもとにキャロン製鉄所で直径 18 インチの鉄シリンダーを備えた船を試作、1791 年にはフォース＆クライド運河会社（Forth & Clyde Canal）総裁のダンダス卿（Lord Dundas）が新たな試作を試み、その経験から彼は 1802 年にシャーロット・ダンダス号（Charlotte Dundas）を建造した。この建造にも、ミラー、テイラー及びサイミントンが携わっていた[12]。彼ら先駆者があったからこそ、各国、特にイギリスやアメリカでは 19 世紀に入って蒸気船が技術的に実用に移される素地ができたといえる。

　最初の実用蒸気船といえるものは、このシャーロット・ダンダス号で船長 17.07 m、船幅 5.49 m、深さ 2.44 m、主機はシリンダー直径 559 mm、行程 1.219 m の横置複動機関で、その接続棒は直接船尾にある外車のクランク軸に結ばれていた。この船は、運河の引き船として使用され、試運転で 70 トン積みの艀 2 隻を曳いて強風に向かって 19.5 マイルを 6 時間で航走した。しかし、この船が造る波が運河の岸を破壊し、煤煙が近くの羊の毛をいためるとの理由で使用が禁止された[13]。その航行の様子を図 5 に、

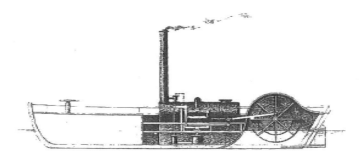

図 6　シャーロット・ダンダス号の断面図

出典：Richard Tames, *The Transport Revolution In The 19th Century, 3 Shipping*, Oxford University Press, 1971, p. 3.

その断面図を図 6 に示す。

　その後、アメリカでは、ロバート・フルトン（Robert Fulton）が 1807 年にクラーモント号（Clemont）を作り、ニューヨークからアルバニー間の定期航行に成功している。イギリスでは、1812 年にヘンリー・ベル（Henry Bell）が、両弦に外車（外輪ともいわれる）を備え、クラーモント号の三倍の大きさのコメット号（Commet）を建造し、イギリスにおける最初の旅客船となった。これら 2 隻の蒸気船は、商業的に成功した最初の蒸気船であった[14]。

　以上のように、初期の蒸気船は運河の曳き船や河川における旅客輸送に使用されていた。運河や川では、水路が狭いために自由に航行できない帆船に比べて、蒸気機関を搭載した外車船は優れた機動性を有していた。19 世紀に入り蒸気船による貨物や旅客の輸送は、イギリスの沿岸や、ハル（Hull）からハンブルグ（Hanburg）、リヴァプール（Liverpool）からダブリン（Dublin）といった、短距離航路において急速に成長した。しかし搭載されていた蒸気機関の燃料効率が悪く、航行に多量の石炭を必要としたために、石炭補給が容易な沿岸や短距離航路に限られていた[15]。そして、これら初期の蒸気船は、沿岸航路の船としての役割の他に、タグボート、フェリーそして河口の観光船として使用されていた。特に、ニューカッスル

（Newcastle）地域では、石炭を輸送する石炭帆船を牽引するタグボートとして使用され、また、時には風向きが悪くて帆の力だけでは入・出港できない帆船の曳船にも使用されていた[16]。

　一方で、沿岸航路における貨物輸送に蒸気力を採用することは、旅客沿岸輸送よりも遅れていた。その理由として、多額の費用が蒸気船以前の貨物船、すなわち帆船に投下されており、蒸気船の建造と艤装にかかる創業投資額は、同じ大きさの帆船に比べてはるかに大きかったことがあげられる。例えば19世紀半ばに、ニューカッスル〜ロンドン間の石炭輸送に使用された新型のスクリュー石炭船の建造費用が約10,000ポンドにも及んだのに対し、中古の帆船なら1,200ポンドで購入でき、また各々300トンの輸送力を持つ6隻の新型石炭ブリッグ型帆船[17]の価格は、600トンの輸送力を持つ1隻の新型スクリュー石炭船以下の価格であった[18]。

1.2.2　鉄船の建造と鉄製蒸気船の建造

　1783年にイギリスのヘンリー・コート（Henry Cort）によってパドル法と呼ばれる、鉄（錬鉄：当時は錬鉄を鉄と呼んでいた）を作る新しい方法が発明され、鉄材や鉄板が安価で、大量に製造できるようになるまで、船舶の構造材は木材であった。しかし、木造船の構造には、図7示すように、板の端と端を接合することができないために、外板に細い板材（プランク）または側板（ストレーク）が比較的短い距離に固定されるので、連続性を保つためには、隣接した側板に板材の両端をできるだけ離して保持するという根本的な欠陥があった。従って、その構造は「引っ張りによるひずみ」に耐える力を持っていなかった。木造船の長さに300フィート（約90m）という上限があったのもこの理由によってであった。この長さの限度を超えると、重量と浮力の分布がたえまなく変化するために生ずる変形が過大となり、船体の水密性を保つことが困難になることであった[19]。

　一方、鉄製の船は、木製の船より耐久性があり、どのような大きさにもできた。また、木製の船、特に木製蒸気船の場合は、ボイラー近くの乾燥腐食、当時はボイラ水に海水が使用されていたために温水の中にいる穿孔

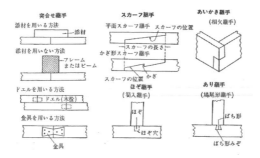

図7-1　木造船の外板の接合要領

出典：上野喜一郎『船の知識』海文堂、昭和37年、40頁。

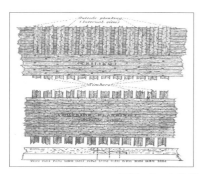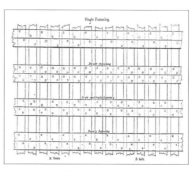

図7-2　木造船の外板の接合要領

出典：Charles Desmond, *Wooden Ship-Building*, The Rudder Publishing Company, 1919, p. 57, 60.

虫や水生甲虫による損傷、および蒸気機関の振動によってもたらされる船体接合部の緩み等の問題があり、蒸気船は木造では行き詰まり帆船に比較して早い時期から鉄を造船に用いるようになった[20]。この鉄の使用は、初めのうちは局部材料として用いられていたが、次第に船体主要部にまで鉄材が用いられるようになった。

　一方で、鉄材を船体主要部に用いることについては造船業者や航海者の中で、次のような心配が生じた。

（1）鉄は水より重いから水に浮かぶ船を造る材料としては不適当である。

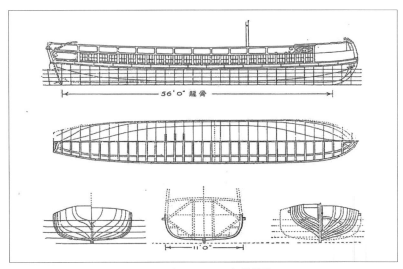

図 8　バルカン号の船体構造

出典：A. M. ロップ（鈴木高明訳）「造船」、チャールズ・シンガー編著『技術の歴史
　　　第 9 巻 鉄鋼の時代／上』第 16 章 筑摩書房、1979 年、274 頁。

(2) 鉄は座礁した時に破損しやすく修理が困難である。

(3) 鉄船は木造船のように船底に銅板を張ることができないため、海藻や
　　船食虫が付着し、錆が生じ、その結果、速力が低下する。

(4) 鉄船は磁気コンパスに影響を与え、航海上必要な方位の計測を誤らせ
　　る。

(5) 鉄材は木材に比べ弾性に乏しく、波浪のために受ける力や日光の直
　　射による船体各部の温度変化や機関の振動などにより、船体に亀裂を
　　生じ破壊する。

といったものであった。しかし、木造船に比べ鉄船の強度が評価され、ま
た材料の改良などにより、これらの心配が少しずつ取り除かれるに従い、
鉄船が建造されるようになった[21]。

　最初の鉄船として記録されているのは、図 8 示す 1819 年に建造された

バルカン号（Vulcan）で、船体構造は木造船とまったく同じ構造であった。この船は艀船であったがクライド運河で乗客を輸送するために建造され、その後、石炭運搬船として1875年まで使用されている[22]。

　一方、最初の鉄製蒸気船は、アーロン・マンビー号（Aaron Manby）で、総トン数116トン、全長36.6 m、幅5.18 mで、1822年にホースレー鉄工所で材料が加工されロンドンのテムズ川岸で組み立てられた。英仏海峡を渡りフランスのセーヌ川での交通に10年間用いられた後、ナント上流のロワール川でも使用された。この船の名前は技師長アーロン（Aaron：名不詳）と船主マンビー（Manby：名不詳）の名前をとって付けられた[23]。

1.2.3　19世紀における造船研究

　前世紀以来の船型研究、船体強度の研究は、蒸気船の登場したこの時期も発展していった。実際の水上ではなく、水槽による実験はイギリスのクリッパー発祥の地であるスコットランドのアバディーンでも行われていた。アバディーンの造船家アレクサンダー・ホール（Alexander Hall）は、1846年にアバディーン型船首（Aberdeen bow）の有効性を究明するために、図9に示す長さ10フィート、幅16インチのガラス水槽を作成し、水面に2インチの厚さに赤いテレピン油を浮かべ、実際の船体を模した長さ24インチの模型を使用して、試験を行った。その結果は、船体の前部及び後部の船尾側の曲線を可能な限り傾斜をつけるというものであった。すなわち、アバディーン型船首のように傾斜の大きな船首が有効であることが証明された[24]。

　1839年当時、既に外車船が沿岸航路に就航していたが、帆船スコティッシュ・メイド号（Scottish Maid）は、この外車船より速く航行することを条件に建造され、アバディーン型船首を取り入れたもので、同船はイギリス沿岸航路では外車船を凌駕したが、外洋ではアメリカのクリッパーにかなわなかった。このため、アバディーンの造船業者は、1850年にこれをシップ型に改良したレインディーア号（Reindeer）を建造し、クリッパ

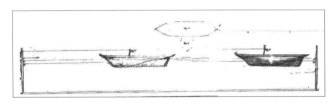

図 9　アレキサンダー・ホールの水槽実験と使用模型
出典：David R. MacGregor, *Fast Sailing Ships*, Naval Institut Press, 1973, p. 104.

ー・シップの建造に着手、ティー・クリッパーとして送り出した[25]。

　その後、1860 年から 1870 年にかけて、船体の沈んだ部分の抵抗と水面の抵抗に関する、真に科学的な理論実験がマッコーン・ランキン（William John Macquorn Runkine）とウィリアム・フルード（William Furoud）によってなされた。イギリス人技師フルードは 1837 年にイザムバード・キングダム・ブルネル（Isambard Kingdom Burunel）の助手となり、鉄道と船舶の設計を手伝っていたが、1846 年に職を辞して流体力学と浮体運動学の研究に取り組んだ。フルードはデヴォンの自宅近くを流れるダート川で縮尺模型を使った実験を行い、そこから実際の船に適用できる計算式を導き出した。1870 年、彼はイギリス海軍省の後援を得て、トーキーに最初の本格的な試験水槽を建設した。彼は真に科学的な手法を用いた最初の造船学者であった。19 世紀末、造船学は科学の一分野として発展をはじめた。フルードの試験水槽は世界各国の海軍や民間造船所に採用され、特にスコットランドのダンバートンにあったデニー造船所は、1882 年に技師が特製の模型曳航機を操作し、スピードの調節や計器のモニタリングが行える、長さ 100 m、幅 7 m、深さ 2.7 m の水槽を作成した。また、クライド湾で正確に測った 1 マイルの距離の標柱間で、本物の船の速度を試験す

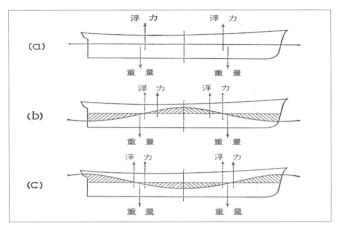

図 10　船体に作用する力

出典：A. M. ロップ（鈴木高明訳）「造船」、チャールズ・シンガー『技術の歴史 第 9 巻
　　　鉄鋼の時代／上』第 16 章 筑摩書房、1979 年、276 頁。

る方法も開発された。そして、1883 年には、グラスゴー大学に世界で初
めて造船学講座が開設されている[26]。

　1860 年にウィリアム・フェアベアン（William Fairbain）が、船が波の間
を通って進む場合に生ずる浮力分布の変化を考慮に入れて、「船を単純な
梁として取扱うことによって、ほぼ諸事実の近似を行うことができる。船
は船体の両端で 2 つの波によって支えられるサッギング（Sagging：たる
み：甲板は圧縮を、船底は引張を受ける）か、あるいは、1 つの波の頂上に
乗り上げた場合には船首と船尾がぶら下がって中央で支えられるホッギン
グ（甲板は引張を船底は圧縮を受ける）か、いずれかの位置をとる。このよ
うな状態で、船は圧縮歪と引張歪をかわるがわる甲板の全断面にそって受
ける。これは、龍骨の全断面に沿って受ける同じ大きさの引張歪と圧縮歪
に対応する。この現象は波と波の頂点の距離が船の長さを越えないような
海面において起こる」[27]と説明している。その後、マッコーン・ランキン
は、図 10 に示す同じ解析の図式解法を発表し、船に加わる曲げモーメン
トを二つの要素に分けた。すなわち、静水のモーメント（ほとんど変化し

ないホッギング・モーメント：（a））と、浮力の移動で生ずる波のモーメントに分け、船が波の頂点を通る時は最初の静水モーメントは増大（ホッギング：両端垂下（b））し、船が波の谷を通る時は最初の静水モーメントは小さく（サッギング：中央垂下（c））なり、逆転することもあると述べている[28]。

　また、イギリス海軍の検査官の1人ロバート・セッピングズ（Robert Seppings）卿は19世紀初め、より大きな戦艦の建造を可能にするような強度面の改良を行っている。彼は、船の構造の強化に焦点を置いて、船体を形作る木の梁や平板の伝統的な接合方法である四角形の組み立て構造を、三角形の組み立て構造に変更した。彼のこの考え方の基本は、四角形より三角形の方が堅固であると言う幾何学の原理に基づいた考えであった。セッピングズは、船倉内の補強材（垂直な支え）を対角線状に交差したブレース（筋交）に変更した。また、船の下部の肋材の間の空間をコンクリートで満たし、バラストとしている。このセッピングズの改良は、すぐに大洋においてその効果を証明した[29]。

1.3　海運

　イギリスは四方を海でかこまれているため、その経済は海から大きな影響をうけてきた。また、19世紀のイギリスは「世界の工場」とも、「世界の貿易はイギリスを枢軸として行われた」とも表現され、大量の原料を輸入し、製品を遠隔地の市場まで運搬するために、イギリスの海運業界は活況を呈していた。

1.3.1　貿易航路の進展

　スエズ運河の開通まで、イギリスとインドを結ぶルートは3つ存在していた。第1のルートは、地中海からエジプト／紅海／アラビア海を経由してインドに至るルートで、紅海ルートと称されるそれには、政治的問題はなかったが、ただ帆船にとっては克服し難い自然の障害が横たわっていた。特に、紅海には突風・長期の凪・突然の嵐、そして、海底には危険な

ほど岩とサンゴ礁が点在しており、沿岸部はぎざぎざで、沿岸住民は難破船を略奪する機会を待ち構えていた。第2のルートは、地中海からシリア／メソポタミア／ユーフラテス川／ペルシャ湾／アラビア海を経由してインドに至るメソポタミア・ルートで、帆船の航行は比較的容易であったが、このルートは排他的なアラブ民族や信頼のおけない行政官のいるオスマントルコ帝国の一部を通らねばならなかった。以上の二つのルートは、ともに近東（スエズ地峡）を経由することから、イギリス人はこれをオーバーランド・ルートと呼んでいた。また、第1、第2のルートは陸行もあり積荷の積み替えが必要であった。第3のルートは、東インド会社の支持する、ヴァスコ・ダ・ガマ（Vasco da Gama）によって開拓された、16世紀以来の喜望峰ルートである。このルートは、ナポレオン戦争でイギリス海軍がフランス・オランダ艦隊を一掃していたために比較的安全であり、また、荷物の積替えの必要もなく、途中でオスマントルコ・エジプト・アラブ人などとの面倒な関係もなかった。このため、東洋との貿易船の航路は、喜望峰経由が選択された。ただし、このルートは最も距離が長く、英印間の往復にはモンスーンの関係で2年を要する事さえあった[30]。

その後、北米及び西インド諸島との交易、アフリカとの交易、そしてインド及び東洋への航路も喜望峰経由が主となったことにより、それまでの地中海航路を利用する帆船が少なくなり、東洋との貿易の中継港が地中海から大西洋沿岸の港湾都市に移行した。

1.3.2　帆船の航路と風及び海流

帆船は周知の通りその推進力を、風と海流に依存していたため、東洋への帆船の航海は、図11及び図12に示すモンスーンや偏西風（貿易風）を利用していた。このため、往復に要する航海日数は、先述のとおり最大2年を要することもあった。

また、帆船にとって風の他に海流も航海速度に影響する重要な要素であり、追い潮海流を利用することにより速度を上げ航海日数も少なくすることが可能であった。図13に世界の主な海流を示す。海流は夏期と冬期で

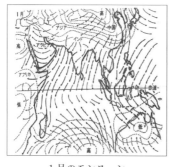 

１月のモンスーン　　　　　　　６月のモンスーン

図 11　モンスーンの利用

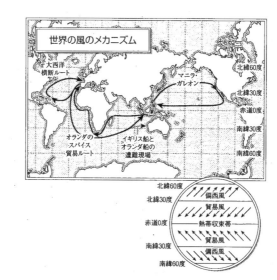

図 12　偏西風（貿易風）の利用

出典：ウィリアム・バーンスタイン（鬼澤忍訳）『華麗なる交易』日本経済新聞出版社、
　　　2010 年、256 頁。

　相違し、この海流の向きとモンスーン等の風を考慮して、船主及び船長は
帆船の出港時期を決めていた。
　これら風と海流の知識は、多くの航海士によってその状況が把握されて

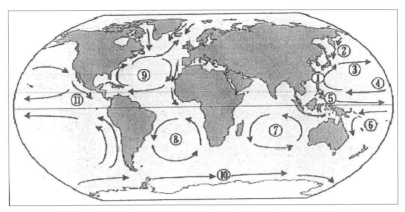

①黒潮　②親潮　③北太平洋海流　④北赤道海流　⑤赤道海流
⑥南赤道海流　⑦南インド海流　⑧南大西洋海流　⑨北大西洋海流
⑩南極海流　⑪カルフォルニア海流

図13　世界の海流

出典：気象庁「海水温・海流の知識」、海流（file:///D:/ 気象庁%20%海水温・海流の知
　　　識%20海流.htm）

いたことも事実で、後述（4.3項）する、マシュー・モーリー（Matthew
Fontaine Maury）大尉が多くの乗組員の情報を基に作成した水路誌は、非
常に正確なものであった。

1.3.3　船舶需要の増大

　産業革命期におけるイギリスの製造業を支えた原材料の輸入と、製造品
等の輸出によって海運業は活況を呈し、イギリスの海外貿易は近世から近
代にかけて発展の一途をたどって行く。貿易額は年率で平均約1～1.5％の
成長を100年以上にわたって維持した。このため、その輸送手段としての
船舶の需要が増大した。

（1）　貿易額の拡大
　産業革命前と産業革命期におけるイギリスの海外貿易額の概要について

表1　産業革命と海外貿易額（年間平均、単位：100万ポンド）

年	輸入（公式価額）	輸出（公式価額）
1734-6	7.5	5.8
1784-6	14.5	10.7
1794-6	21.9	17.5
1804-6	28.2	25.4
1814-6	33.6	39.0
1824-6	45.4	48.5
1834-6	50.4	78.4
1844-6	76.6	132.4

出典：R. Davis, *The Industrial Revolution and British Overseas Trade*, Leicester University Press, 1979, p. 86. 及び B. R. Mitchell, *Abstract of British Historical Statistics*, Cambridge University Press, 1976, pp. 279-280. より算出。

　見てみると、表1に示すように、産業革命以前に比べ産業革命期と以降における海外貿易額は急速な拡大を示している。

　即ち、産業革命期における海外貿易額を1784〜6年と1834〜6年の50年間の輸入額、輸出額の増加率でみると、輸入額のそれは3.2倍であり、また、輸出額のそれは6.9倍であり、それぞれ産業革命期以前より大きく増加している。

　一方、「連合王国の1788〜91年の平均保有船舶数は134万6,000トンであったが、1830〜34年のそれは木製帆船のみで221万7,000トン、蒸気船を含めると225万4,000トン」[31]であり、その増加率は木製帆船のみで1.6倍、蒸気船を入れると1.7倍となり、産業革命の進行による貿易の拡大が船舶需要の増大の一つの要因と考えることができる。

(2)　部門別輸出入額の変遷

　イギリス産業革命と外国貿易との関係についてみてみると、輸入についてはイギリス国内で生産することができない物や、他国よりも生産性の低

表 2　イギリスの輸入額　　（単位：1,000 ポンド）

年	合　計	工業製品（%）	食料品（%）	原材料（%）
1784-6	20,386	2,144 （10.5）	8,657 （42.4）	9,585 （47.1）
1794-6	34,326	2,450 （ 7.1）	16,520 （48.2）	15,356 （44.7）
1804-6	50,619	1,729 （ 3.4）	21,444 （42.4）	27,446 （54.2）
1814-6	64,741	731 （ 1.1）	27,602 （42.6）	36,408 （56.3）
1824-6	56,975	892 （ 1.6）	20,563 （36.1）	35,520 （62.3）
1834-6	70,265	1,926 （ 2.7）	20,680 （29.4）	47,559 （67.9）
1844-6	81,963	3,544 （ 4.3）	27,386 （33.4）	51,033 （62.3）
1854-6	151,581	7,680 （ 5.1）	54,469 （35.9）	89,432 （59.0）

出典：R. Davis, *The Industrial Revolution and British Overseas Trade*, Leicester University Press, 1979, p. 36. より作成。

い物（例えば原綿、砂糖、茶、穀物や材木）の輸入は、この時代のイギリス経済に取って極めて重要なものであった。18 世紀後半以降のイギリスの輸入額について、部門別で見てみると、表 2 に示すとおりであり、原綿・絹・染料・鉄鉱石・木材、その他から構成される原材料と穀物・酒類・茶・コーヒー・ココア・砂糖などの食料品で全体のほぼ 9 割以上を占めていた[32]。

　原材料を輸入しイギリス国内で製造された製品の市場として、国内市場が満たされると、海外市場が重要な位置を占めはじめた。表 3 に当時の輸出の主役であった綿製品の輸出額の変化を示し、表 4 は、これに次ぐ金属・金属製品の輸出額を示したものである。

　表 3 と表 4 から、輸出の主役であった綿織物が輸出総額において飛躍的な伸びを見せたのは 19 世紀初頭であり、この変化は綿紡績部門の機械化が進んだ時期と一致している。これに次ぐ金属製品が伸長するのは 1840 年代であり、製鉄に熱風（hot-blast）が使用され、同一燃料で 3 倍量の鉄が生産でき、製鉄業が飛躍的に発展した時期と一致している。

　産業革命の初期の段階は、海外市場ではなく国内市場が相対的に比重を

表3 イギリスの綿製品の輸出額　　（単位：1,000 ポンド）

年	合　計	ヨーロッパ（%）	アジア・アフリカ（%）	アメリカ・オーストラリア（%）
1784-6	766	310（40.5）	164（21.4）	292（38.1）
1794-6	3,392	761（22.6）	199（ 5.8）	2,432（71.6）
1804-6	15,871	7,224（45.5）	683（ 4.3）	7.954（50.2）
1814-6	18,742	11,386（60.1）	346（ 1.9）	7,010（38.0）
1824-6	16,879	8,682（51.4）	1,707（10.1）	6,490（38.5）
1834-6	22,398	10,612（47.4）	4,056（18.1）	7,630（34.5）
1844-6	25,835	10,153（39.2）	9,356（36.3）	6,326（24.5）
1854-6	34,908	10,263（29.4）	13,831（39.6）	10,814（31.0）

出典：R. Davis, *The Industrial Revolution and British Overseas Trade*, Leicester University Press, 1979, p. 15. より作成。

表4 イギリスの金属・金属製品輸出額　　（単位：1,000 ポンド）

年	合　計	ヨーロッパ（%）	アジア・アフリカ（%）	アメリカ・オーストラリア（%）
1784-6	2,180	908（41.6）	440（20.2）	832（38.2）
1794-6	4,134	823（20.0）	1,386（33.5）	1,925（46.5）
1804-6	4,927	1,326（26.9）	907（18.4）	2,694（54.7）
1814-6	4,488	1,274（28.4）	744（16.6）	2,470（55.0）
1824-6	4,187	1,204（28.8）	900（21.5）	2,083（49.7）
1834-6	6,153	1,786（29.0）	1.038（16.9）	3,329（54.1）
1844-6	9,971	4,451（44.7）	1,716（17.2）	3,804（38.1）
1854-6	22,301	7,273（32.5）	3,725（16.7）	11,339（50.8）

出典：R. Davis, *The Industrial Revolution and British Overseas Trade*, Leicester University Press, 1979, p.29. より作成。

占めていたが、工場制機械工業による工業化が軌道に乗り、持続的な国内総生産の伸びが達成された 1815 年以降には綿工業や機械・金属工業にとっては、すべてを国内で消費することが困難となり余剰の生産物が生じ始め、これら余剰生産物は、海外市場への販路開拓なしにはそれ以上の拡大が望めなかった。これら海外販路の拡大と言う事情が、船舶需要の増大の

背景にあると考えられる。

（3）　再輸出額の変遷

　産業革命期のイギリスの海外貿易のもう一つの重要な点は、再輸出である。航海条例によって、この当時イギリスが海外からの輸入品の主たる中継地としての役割を果たしていたことから、原材料や工業製品及び食品は、まずイギリスに輸入され、そこで加工、あるいは原材料のまま他の地域へ再輸出されていた。その状況は表 5 及び表 6 に示すとおりであり、18世紀の 70 年代、90 年代、19 世紀の 10 年代後半にイギリスから再輸出された商品は輸出総額の 25〜30％近くを占めるほど重要なものであった。1810 年以降になると機械等の構成部品である工業製品の再輸出は急激に減少し、これに代わって食料品、次いで原材料の比重が高くなってくる。工業製品の再輸出が減少した理由としては、部品レベルでの輸出品の中継地としての貿易ではなく、完成した製品としての輸出が中心となり始めたことが挙げられる。

表 5　イギリスからの地域別再輸出率

（再輸出額／総輸出額：％）

年	合　計	ヨーロッパ	アジア・アフリカ	アメリカ・オーストラリア
1772-4	34.7	48.0	7.9	18.8
1784-6	17.4	25.8	10.2	9.3
1794-6	24.2	50.2	16.5	9.7
1804-6	18.1	32.3	5.8	11.6
1814-6	26.5	40.2	5.9	15.5
1824-6	18.7	30.6	6.4	15.3
1834-6	18.1	29.2	9.0	10.5
1844-6	15.6	24.2	8.6	8.9
1854-6	17.1	33.4	6.1	5.9

出典：R. Davis, *The Industrial Revolution and British Overseas Trade*, Leicester University Press, 1979, p.33. より作成。

表6　イギリスからの品目別再輸出額

（単位：1,000 ポンド）

年	合計	工業製品（%）	食料品（%）	原材料（%）
1784-6	2,668	654（24.5）	1,401（52.5）	613（23.0）
1794-6	6,944	1,690（24.4）	4,073（58.7）	1,181（16.9）
1804-6	8,331	1,402（16.9）	5,207（62.7）	1,702（20.4）
1814-6	16,067	562（ 3.5）	10,163（63.3）	5,342（33.2）
1824-6	8,121	490（ 6.0）	3,006（37.0）	4,624（57.0）
1834-6	10,226	605（ 6.0）	4,248（41.5）	5,373（52.5）
1844-6	10,794	854（ 8.1）	4,047（37.5）	5,893（54.4）
1854-6	21,005	1,218（ 5.9）	6,409（30.4）	13,378（63.7）

出典：R. Davis, *The Industrial Revolution and British Overseas Trade*, Leicester University Press, 1979, p. 33. より作成。

1.3.4　輸送量

　貿易の拡大を船舶需要との関係で考察しようとすると、これまでに確認したような「貿易額」における推移でなく「貿易量」の推移で確認する必要がある。即ち「船舶と港を満たしたのは貿易の額ではなく量」[33]であり、輸入額や輸出額という価額の増加は、ある程度船舶需要の増加をみる尺度として利用できるが、必ずしも全体の輸送量と同等であったとは限らず、輸出入品の価額が増大しても、それに伴って輸出入品の輸送量が同様に増大しなければ、船舶需要の増加は起こらない訳である。輸送量は、価額に比較して重量品や嵩高品、特に重量品の多少によって大きく左右されることから、重量を基準にした輸送量の変化に注目する必要がある。

　島国であるイギリスの場合、当時の輸出入品の全ては船舶に依存していたと考えるのが妥当である。18世紀中頃の船舶の殆どは、その重量に比較して非常に安価な物資の輸送を行っており、ヨーロッパの木材やイギリスの石炭も、トン当たり 200～1,000 ポンドの範囲に入る亜麻布や毛織物と比較して、ほとんどトン当たり 1 ポンド・スターリング以上の価値はな

表7　輸入品に必要な船舶トン数（1699〜1701年と1752〜4年の平均）

（単位：1000トン）

年	果物	亜麻と大麻	鉄	染料	ピッチとタール	米	砂糖	タバコ	ワイン	木材	その他	合計
1699〜1701	9	10	16	8	5	−	33	15	23	190	60	359
1752〜1754	8	18	27	8	17	11	47	28	14	303	81	562

出典：片山幸一「イギリス産業革命期の貿易と海運業 (1)」、『明星大学経済学研究紀要』第27巻第2号、1996年、5頁。

表8　主な輸出品に必要な船舶トン数（年平均）（単位：1000トン）

年	石炭	穀物	タバコ	塩	魚	鉛
1699〜1701	113	31	8	8	10	12
1752〜1754	328	203	22	19	15	15

出典：片山幸一「イギリス産業革命期の貿易と海運業 (1)」、『明星大学経済学研究紀要』第27巻第2号、1996年、6頁。

かった。この点について、ラルフ・デービス（Ralph Davis）教授によってなされたいくつかの概算によると「1752〜4年に入港してくる全ての船舶輸送トン数のおそらく5分の4の船舶が、北ヨーロッパからの木材・鉄・亜麻・大麻及びピッチやタール、南ヨーロッパからのワインやブランデー、及び南北アメリカからの砂糖、米、及び木材の輸送に従事していた。出港する船舶の空間に対する圧倒的な需要は、近隣のヨーロッパへの石炭と穀物に関するもの」[34]であった。表7と表8は、このことを裏づけるものであり、18世紀中頃の輸入品で圧倒的に多いのは木材（54％）であり、次に砂糖・タバコ・鉄の順となる。また、輸出品の中で18世紀を通じて圧倒的に多いのは石炭であり、次に穀物であり、他は少量である。これら輸送量の多い商品が産業革命期にどのような変化を示していたのかを、次にみてみる。

(1)　輸入量

初めに造船に必要な木材の輸入量についてみると、表9及び表10のと

表 9　種類別木材輸入量 (年間平均)

年	マスト（大）数	側板 (100 ロード[※])	樅材（ロード）
1780〜82	4,283	53,614	61,659
1800〜1802	15,503	106,676	193,186

※：1 ロード＝50ft^3 の木材量で 1 トンと見なしうる
出典：片山幸一「イギリス産業革命期の貿易と海運業 (1)」、『明星大学経済学研
　　　究紀要』第 27 巻第 2 号、1996 年 3 月、6 頁。

表 10　木材輸入量 (単位：1,000 ロード)

年	植　民　地	外　　　国	合　　　計
1801	3	159	162
1811	154	125	279
1821	318	99	417
1831	127	419	546

出典：片山幸一「イギリス産業革命期の貿易と海運業 (1)」、
　　　『明星大学経済学研究紀要』第 27 巻第 2 号、1996 年 3
　　　月、6 頁。

おりで、表 9 から、マスト、側板、樅材について、1780〜82 年から 1800
〜1802 年の間の輸入量の増加率をみると平均して 2.9 倍となり、表 10 か
ら、1801 年から 1831 年までの間の輸入量増加率を算出すると 3.4 倍にな
る。従って、産業革命期の 1780〜82 年から 1831 年までの木材の輸入量の
増加率は、約 9.8 倍となり、このことは、造船部材としての国内産木材の
不足が存在していたことを物語っている。

　次に、砂糖の輸入量をみると、表 11 に示すように、1782〜84 年から
1830〜32 年までの砂糖の輸入量は、3.2 倍に増加している。

　小麦・小麦粉の輸出量と輸入量の変化は表 12 に示すように、1782〜84
年から 1830〜32 年までの輸出量と輸入量の合計の増加率は 5.8 倍である
が、輸入量の増加率は 7.2 倍で輸出量を大きく上回っており、この時期イ
ギリスの食糧自給率が著しく低下していたことが分かる。

　次に、産業革命期の最大の輸入品である原綿の輸入量の増加率は、表

表 11　砂糖輸入量

年	砂糖輸入量ハンドレッドウェイト	砂糖輸入量トン換算
1782～84	1,580,310	80,280
1800～02	3,812,706	193,686
1830～32	5,050,005	256,541

出典：トーマス・トウィック（藤塚知義訳）『物価史 第 2 巻』金融経済研究所叢書
　　　別冊、1979 年、367 頁より作成。

表 12　小麦・小麦粉の輸出量と輸入量（年平均）

（単位：1,000 クォーター）

年	輸出量	輸入量	合　計
1782～84	95	294	389
1830～32	131	2,109	2,240

出典：B. R. Mitchell, *British Historical Statistics*, Cambridge
　　　University Press, 1988, p. 221. より作成。

表 13　原綿の輸入量（年間平均）

年	原綿輸入量（ポンド）	原綿輸入量（トン）
1782～84	11,015	4,917
1830～32	280,000	125,000

出典：B. R. Mitchell, *British Historical Statistics*, Cambridge
　　　University Press, 1988, pp. 331, 334, より作成。

13 に示すように、1782～84 年から 1830～32 年にかけて 25.4 倍に達して
いる。この増加の割合は、これまでの木材、砂糖及び小麦・小麦粉の増加
率に比較して非常に高い増加を示し、産業革命がもたらした紡織機の普及
を裏づけている。

　しかし、先に示した、木材、砂糖及び小麦・小麦粉の輸入量を同一単位
トン換算で見ると、木材は 1831 年に 1,146,000 ないし 1,246,000 トンが輸
入され、砂糖は 1830～32 年の輸入量は 256,541 トン、小麦・小麦粉は
1829～31 年の輸入量は 400,000 トン[35]となるが、、原綿の輸入量は、1830

表14　鉄の輸入量と輸出量（年間平均）

（単位：1,000 トン）

年	鉄輸入量		鉄鋼輸出量	輸入量と輸出量の合計
	棒鉄	鉄合計		
1784〜86	44.5	45.8	15.0	61.8
1834〜36	20.3	20.3	183.0	203.3

出典：B. R. Mitchell, *British Historical Statistics*, Cambridge University Press. 1988, pp. 292, 294, 298, 300, より作成。

〜32 年の時期で 125,000 トンであり、重量比較では、木材の輸入量が圧倒的に多いことが分かる。

(2)　輸出量

　次に、輸出量についてみると、1784〜6 年の輸出品のうち、重量品では鉄器・精製糖・石炭で、価額では毛織物が最も多く、次に綿織物である[36]。また、1834〜6 年の輸出品をみると、重量品では鉄器・精製糖・鉄・石炭で、価額では綿織物が国産品輸出額の 48.5％ を占めて最も多く、次が羊毛品である[37]。刃物を含めた鉄器類をみると、1835 年でも 2 万 197 トンに止まっている。砂糖の輸出量は、1784〜6 年の平均で 1 万 7,678 トン、1834〜6 年では 6 万 3,399 トンで増加率は 3.6 倍に増加している。石炭の輸出量は、1784〜6 年の平均で 348,400 トンであり、1834〜6 年では 56 万 8,400 トンで産業革命期の増加率は 1.6 倍に止まっている。また、18 世紀は主として輸入品であった鉄についてみると、表 14 に示すように、輸入量がほぼ半分に減少しているのに比べ、輸出量は 12.2 倍に増加している[38]。この輸出量の増加は、イギリスの製鉄技術が飛躍的に進歩したことを物語っている。

　一方、価額が圧倒的に多い綿製品及び羊毛製品の輸出量では、表 15 に示すように、1800〜1802 年から 1834〜36 年までの増加率は綿糸で 16.9 倍、綿織物で 7.6 倍、綿製品全体で 10.0 倍という高倍率を示している。倍

表 15　綿糸と綿織物及び羊毛製品の輸出量（年間平均）

年	綿糸 100 万ポンド	綿織物		合計 100 万 ポンド	羊毛製品 100 万ポンド
		100 万ヤード	100 万ポンド		
1800〜02	4.9	76.6	14.0	18.9	—
1834〜36	82.6	583.6	106.5	189.1	2,255

出典：Robson, R., *The Cotton Industry in Britain*, Macmillan & Co. Ltd., 1957, p. 331, 及び B. R. Mitchell, *Abstract of British Historical Statistics*, Cambridge University Press, 1976, p. 195. より作成。

率だけを見ると砂糖や石炭の増加率を遥かに上回っているが、1834〜36 年の綿糸・綿織物の輸出量合計はトン換算で 8 万 4,420 トンであり、羊毛製品は 1,007 トンにすぎず、石炭や鉄をかなり下回っている[39]。

　1834 年から 1836 年の間における、石炭、鉄、砂糖、鉄器類、綿製品、羊毛製品の輸出量の合計は 92 万 423 トンで、その内石炭の輸出量は 56 万 8,400 トンで、61.8％を占め、次が鉄鋼の輸出量で 19.8％であり、輸出量においても綿製品や羊毛製品ではなく、石炭や鉄といった重量品の動向が重要であることが分かる。

　そして、産業革命を境にして海上輸送量はかなり増加し、これら物資の取扱量の増加に対処するために、イギリスの港湾施設は、1791 年に 150 万トンの海運しか扱えなかったのに比べ、1841 年には 450 万トンの海運が扱えるように整備がすすんでいる[40]。

1.3.5　新造船舶の建造

　増大する輸送物資に対処するために、1814 年から 1835 年までの時期に、グレート・ブリテンで建造された船舶の隻数とトン数の推移をみると、表 16 にみられるように 1814〜18 年までの 5 年間平均の船舶数とトン数は 815 隻、8 万 9130 トン、また 1830〜34 年の 5 年間平均のそれは 761 隻、9 万 183 トンであり、それ程増大していない。

　また、片山幸一氏は、これ以前にグレート・ブリテンで建造され、登録

表16　グレート・ブリテンで建造され登録された船舶の隻数とトン数

年	船舶の隻数とトン数		年	船舶の隻数とトン数	
1814	733 隻	86,880 トン	1825	1,003 隻	124,029 トン
1815	949	104,479	1826	1,113	119,086
1816	866	85,119	1827	911	95,038
1817	766	82,108	1828	857	90,069
1818	761	87,060	1829	734	77,635
1819	797	90,472	1830	750	77,411
1820	635	68,142	1831	760	85,707
1821	597	59,482	1832	759	92,915
1822	571	51,533	1833	728	92,171
1823	604	63,788	1834	806	102,710
1824	837	93,219	1835	916	121,722

出典：片山幸一「イギリス産業革命期の貿易と海運業 (2)」、『明星大学経済学研究紀要』第 28 巻 第 1・2 号、1997 年 3 月、41 頁。

表17　産業革命主導部門の消費量・生産量の変化

年	原綿消費量	鉄鋼生産量	年	木材輸入量
1814	30,300 トン	400,000 トン	1811	279,000 ロード
1830	112,000	680,000	1831	546,000

出典：片山幸一「イギリス産業革命期の貿易と海運業 (2)」、『明星大学経済学研究紀要』第 28 巻第 1・2 号、1997 年 3 月、42 頁。

された船舶数とトン数に注目し「1787〜91 年の 5 年間平均の船舶数とトン数は 724 隻、6 万 7,820 トンであり、1830〜34 年の 5 年間平均の 761 隻、9 万 183 トンと比較すると、ほぼ産業革命期に建造され登録された船舶数とトン数の増加は、それぞれ 1.05 倍、1.3 倍という低率であった」[41] と述べている。

　他方、表 17 に示すように、産業革命の主導部門である原綿消費量、鉄鋼生産量及び木材輸入量は大幅に増加している。この増加は船舶数及びト

ン数の増加量に比べ極めて対照的であり、製造業に必要な原材料の輸入や、製品の輸出に必要な船舶需要に対して供給が十分でないことが推察できる。この詳細については、1.4項で述べる。

1.3.6　人口の都市集中による食糧輸入の増加と船舶需要

これまでは、産業革命によって生じた大量の生産物を輸出し、その原材料等の輸入による船舶需要の増加要因についてみてきた。次に、これらの物資輸送以外で生じた、船舶需要の増加の要因についてみてみる。

産業革命の時期は人口増加の顕著な時期でもあった。産業革命の時期にどの程度人口が増加したのであろうか。表18は、産業革命前後の主要経済指数に関する統計から推定された、18世紀イギリスの推定人口の推移であり、表19は、1801年以降10年毎に国勢調査が施行され、この国勢調査に基づく人口の推移であり、かなり正確な人口推移であるといえる。

表18及び19から、産業革命期におけるイギリス人口の増加については、異論はないであろう。これら増加した人口は、主として都市に集中したといわれており、表20は14世紀から18世紀にかけてのイギリスの都市人口の比率の推移を示したもので、この表から、産業革命期に都市人口が明らかに増加していることがみてとれる。また、18世紀の都市の成長

表18　18世紀英国推定人口　　　　（単位：1,000人）

年	人口	増加量	百分率	年	人口	増加量	百分率
1701	5,835	—	—	1760	6,665	412	6.59
1711	6,013	174	2.98	1770	7,124	459	6.89
1720	6,048	35	0.58	1780	7,581	457	6.41
1730	6,008	−40	−0.66	1790	8,216	635	8.38
1740	6,013	5	0.08	1801	9,168	952	11.59
1750	6,253	240	3.99	—	—	—	—

出典：B. R. Mitchell 編（犬井正監・中村寿男訳）『イギリス歴史統計（原題：*British Historical Statistics*, Cambridge University Press, 1988.）』原書房、1995年、8頁より作成。

表19　19世紀前半英国人口　　　　（単位：1,000 人）

年	人口	増加	百分率	年	人口	増加	百分率
1801	8,893	—		1851	17,928	2,014	12.66
1811	10,164	1,272	14.30	1861	20,066	2,138	11.93
1821	12,000	1,836	18.06	1871	22,712	2,646	13.19
1831	13,897	1,897	15.81	1881	25,974	3,262	14.36
1841	15,914	2,017	14.51	1891	29,002	3,028	11.66

出典：B. R. Mitchell 編（犬井正監・中村寿男訳）『イギリス歴史統計』原書
房、1995 年、9 頁より作成。

注）1801 年の人口については、1801 年までと、それ以降では利用された資料
が相違しているため、くい違いがある。

表20　イギリスの都市人口の比率

年	都市人口の比率	総　人　口
1377	5.46%　　（3,200 人以上の都市人口）	250 万〜300 万人
1520	6.00%　　（4,000 人以上の都市人口）	230 万人
1700	18.7%　　（2,500 人以上の 68 市） （ 970,000 人）	520 万人
1750	22.6%　　（2,500 人以上の 104 市） （1,380,900 人）	610 万人
1801	30.6%　　（2,500 人以上の 188 市） （2,725,171 人）	8,892,536 人

出典：P. J. Corfield, *The Impact of English Towns 1700-1800*,
pp. 7-9 及び、P. Clark and P. Slack, *English Towns in
Transition 1500-1700*, pp. 11-12. より作成

を示したのが表21 であり、産業革命期に都市の人口も都市の数も増加し
ていることがみてとれる。そして、表22 は、産業革命期後半の工業化に
伴う都市人口の増加を示したもので、工業都市に人口が集中していること
が確認できる。

　これらの表から、イギリスの人口は産業革命をとおして増加するととも
に、増加した人口は、工業化が進み労働力が必要となった都市部に集中し

表21　18世紀イギリスの都市成長

都市の規模	1700 年			1750 年			1801 年		
	都市数	人口 千人 （％）		都市数	人口 千人 （％）		都市数	人口 千人 （％）	
10 万人以上 （ロンドン）	1	575	（11.1）	1	675	（11.1）	1	948	（10.7）
2 万〜10 万	2	52	（ 1.0）	5	161	（ 2.6）	15	702	（ 7.9）
1 万〜2 万	4	55	（ 1.1）	14	175	（ 2.9）	33	428	（ 4.8）
5,000〜1 万	24	168	（ 3.2）	31	201	（ 3.3）	45	313	（ 3.5）
2,500〜5,000	37	120	（ 2.3）	53	167	（ 2.7）	94	332	（ 3.7）
計	68	970	（18.7）	104	1,380	（22.6）	188	2,725	（30.6）

出典：P. J. Corfield, *The Impact of English Towns 1700-1800*, Oxford University Press, 1982, pp. 8-9. より作成

表22　1801 年〜61 年における工業都市人口

（単位：1,000 人）

年　　都市名	1801	1811	1821	1831	1841	1851	1861
バーミンガム	71	83	102	144	183	233	296
グラスゴー	77	101	147	202	275	345	420
リーズ	53	63	84	123	152	172	207
リヴァプール	82	104	138	202	286	376	444
マンチェスター	75	89	126	182	235	303	339
ソルフォード	14	19	26	41	53	64	102
シェフィールド	45	53	65	92	111	135	185

出典：B. R. Mitchell 編（犬井正監・中村寿男訳）『イギリス歴史統計』原書房、1995 年、26-27 頁より作成。

ていったことが読み取れる。

　農業地域と工業地域の人口増加率を比較すると、中部農業地方のハンティンダンシャ（Huntinbdonshine）の人口増加率は、1801 年から 1831 年に至るまでに 41％であったが、北部工業地方の代表的なランカシャでは 98％に達し、明らかに人口は工業都市部に集中する傾向にある[42]。しか

表23　イギリスの農業製品及び工業製品の生産額構成

（単位：%）

項目	1785	1805	1831	1856	1873	1899	1907
農業	61	47	44	39	29	17	19
家畜	23	20	20	20	16	11	13
耕作物	38	27	24	19	13	6	6
工業	40	52	56	61	71	82	81
鉱業	4	8	9	11	14	20	21
金属	7	13	11	16	24	20	27
繊維	17	21	23	23	21	25	17
食品	12	10	13	11	12	17	16

出典：P. O'Brien and C. Keyder, *Economic Growth in Britain and France 1780-1914*, 1978, p. 44.（翻訳）

し、全ての州において農業人口が減少していたわけではないが、人口の都市集中によってイギリスの農業従事者の数は確実に減少の傾向にあった。この証左として、1831年にはイングランド及びウェイルズの20歳以上の男子人口の中で31.69％が農業に従事していたが、1841年になると25.65％に減少している[43]。そして、このイギリスの工業化は農業を犠牲として行われたと言われている[44]。表23は、イギリスの農業と工業に限定してその生産額比率の推移をみたもので、1785年では農業製品は工業製品を上回っていたが、1805年には逆転し、それ以後農業製品の比率は減少傾向にある。このことは、食料の海外依存度が増大したことを意味し、前述した小麦類の輸入増加と一致している。

　人口の都市集中は農業人口の減少を生じさせ、農産物の自給率を低下させることになった。このため、食料品の海外依存度が増加し、船舶需要増加の一因ともなった。

1.4　船舶建造と造船用木材の不足

　これまで、産業革命期及びそれ以降における、船舶需要増大の要因につ

いて見てきた。これら船舶需要の増大にも関わらず、1.3.4 項 (1) で示した表 9 及び表 10 の木材輸入量からも見られるように、当時の造船業界は、造船用木材の不足が深刻で、需要に十分応えられるだけの新造船建造は困難な状況にあった。そこで、まずこの木材不足の状況とその要因を検証した後、木材不足に対する対応についてみてみる。

1.4.1　造船用木材不足の主要因

当時の船舶は木造船が主であったことから、当然として大量の木材を必要とした。しかし状況は、ジェイムズ・ドッズ[45] (James Dodds) とジェイムズ・ムーア[46] (James Moore) の共著『英国の帆船軍艦 (*Building The Wooden Fighting Ship*)』で「イギリスにおいては、製鉄業に石炭の利用が始まるまでの長い間木炭が使用され、このために木材資源はすでに減少しており、さらに 18 世紀におけるイギリスのオーク、楡、樅は造船用として多量に消費されたため木材供給量は逼迫し、7 年戦争 (1756〜63 年) の時は、海軍の必要量も充たせなかった」[47] と述べられているとおり、造船用木材の不足は深刻であった。

中世においては、森林はむしろ邪魔物と考えられ、木材の伐採は交通の上からも、農業の上からも好都合と考えられていた。しかし、16 世紀以降、森林伐採による木材の不足は年々甚だしくなっていた。加えて、17 世紀の終末期にイギリスの海軍と民間の船舶数の増加があまりにも急速であったために、造船に見合う材木の需要が急増し、特にオーク (樫) 材の供給には非常な努力を要した。表 24 は、ヘンリー 8 世 (Henry VIII) 当時から 19 世紀初頭までのイギリス海軍の船腹量の増加を示したもので、一時期減少が認められるものの継続して増え続け、この増加は、過去に先例のないものであった[48]。これに東インド会社に代表される民間の商業用船舶が加わるため、木材消費量はかなりな量であったことが想像できる。このため造船用木材の減少が最大の心配事になり、イギリス下院委員会はこれまでに調査された王室所有の森林の状況を整理し、ジェームズ 1 世 (James I) の統治時代の王室所有の森林の状況と、約 175 年後の 1783 年

表 24　英国海軍所有船腹量の変遷

年度及び事件	トン数
1547 年（ヘンリー 8 世死去）	12,455
1547〜1553 年（エドワード 6 世統治時代）	11,065
1558 年（メリー女王死去）	7,110
1558〜1603 年（エリザベス統治時代）	17,110
1618 年	16,040
1642 年（Civil War 開始時）	22,400
1660 年（王政復古時）	57,463
1660〜1685 年（チャールズ 2 世統治時代）	103,558
チャールズ 2 世退位時	101,892
1702 年（ウィリアム 3 世死去）	159,020
1714 年（アン女王死去）	167,219
1727 年（ジョージ 1 世死去）	170,862
1760 年（ジョージ 2 世死去）	321,104
1806 年	776,057
1810 年	800,000
1831 年（ジョージ 4 世死去）	544,846
1837 年（ウィリアム 4 世死去）	536,033
1847 年	645,550

出典：John Fincham, *A History of Naval Architecture*, Whittaker And Co., 1851, pp. 213-214（翻訳）.

表 25　王室所有林における造船用木材の変化

（単位：ロード）

王室所有林	1608		1783	
	海軍に適した造船用木材	そ の 他の 木 材	海軍に適した造船用材木	そ の 他の 木 材
New Forest	115,713	118,072	33,666	1,713
Aliceholt and Woolmer	13,208	23,934	6,985	5,924
Bere Forest	4,258	8,814	161	175
Whittlewood Forest	45,568	1,472	4,820	7,200
Salcey Forest	23,902	1,673	2,497	5,653
Sherwood Forest	31,580	111,180	2,326	14,669
合　　計	234,229	265,145	50,455	35,554

出典：John Fincham, *A History of Naval Architecture*, London Whittaker And Co., 1851, p. 214.（翻訳）

に行われた森林の状況を比較している。その結果は、表 25 に示すとおり
であり、この表から 175 年間の間に殆どの場所で、造船に適した木材の 4
分の 3 以上が減少していたことが確認でき、それだけ船舶の建造量が急増
していたことが想像できる[49]。

1.4.2　造船用木材不足に対する対応とその問題点

　木材不足への対応として、一つは、小さなオーク材を組み合わせて使用
するか、オーク材の代わりにカラマツやチーク材を輸入し使用することで
ある。小さなオーク材を使用して建造することに対して、東インド会社の
造船技師であり検査官であったガブリエル・スノドグラス[50] (Gabulier
Snodgrass) は、船のトン数と価格の関係について調査し、「もし 2 隻の
600 トンの東インド船と 1 隻の 1,200 トンの建造を比較した場合、2 隻の
小さな船は大きな船に比べて 4 分の 3 以上多くのオーク材を消費してい
る」[51] ことを導き出し、小さな船を建造することについて、彼は「十分に
育つ前に伐採することによって、大きな成長材が必要な構造部分の材木の
不足が生じることを、小さな船を建造する造船業者は考えていない」[52] と
指摘している。

　もう一つの対応は、建造費ないし船価の上昇をきたすが、輸入木材を使
用することであった。船舶価格の上昇傾向について、ロビン・クレイグ
(Robin Craig) は、普通より大型の東インド貿易船を例にあげ、「800 トン
の船体に対するトン当りの価格は、1781 年には 14 ポンド 14 シリングで
あったが、1790～92 年には 12 ポンド 10 シリングと一時的に下落したも
のの、その後は 22 ポンドに達し 1801 年まで絶えず上昇している」[53] と記
述している。また、この点についてスノドグラスは、証拠に基づいたいく
つかの重要な統計的数字によって、「1771 年から 1791 年の間における海
軍の木材の消費量は、1751 年から 1771 年の間の消費量の倍であり、ま
た、イギリスで建造された東インド用船舶も、1771 年から 1776 年にかけ
て 45,000 トンから 79,918 トンに増加し、建造価格も 1 トン当たり 20 シ
リングから 40 シリング以上高騰している。1771 年に建造された、867 トン

の東インド船 2 隻の 1 トン当たりの建造価格は 10 ポンド 10 シリングであり、同時期に民間造船所で建造された 64 門の砲を搭載した 1,396 トンの船は、1 トン当たり 16 ポンド 12 シリング 6 ペンスであったのに対して、1800 年には 1 トン当たり平均 21 ポンド、1805 年には 1 トン当たり 35 ポンドから 36 ポンドに高騰している」[54] と報告している。このように、輸入木材の使用は、船価を上昇させた要因でもあった。

1.4.3 造船用森林資源の保護対策と結果

18 世紀以降の造船用木材の不足について、当時のイギリスの統治者や政府は森林資源の保護対策を十分行ってきていたのであろうか[55]。

木材の供給量の減少と価格の高騰及び内乱（civil war）による森林の荒廃の状況に鑑み、海軍委員会は、海軍工廠で将来必要となるオーク材の減少を心配し、すでに 17 世紀には、王立協会（Royal Society）に助言を求めている。当時の協会の研究員の一人であったエヴァリン（Mr. Evelyn：名は不詳）の助言は、「所要の木材を確保するには恒久的な植林を実行することである。この目的の実行状況を確認するために、1664 年から 1704 年の間、定期的に有効な森林の木材成長状況に関する調査を行うという文書の発布を提案する」[56] というものであった。この提案はすぐに実行に移され、数年をかけて広範囲にわたる骨の折れる森林調査が行われた。エヴァリンは 1678 年に 3 回目の進捗状況をチャールズ 2 世（Charles II）に報告している。その後も王室所有の森林の木材のみならず、個人所有の地所における木材についても調査が行われ、この種の調査は 17 世紀の終わりまで実施されている。この調査によって、「王室所有の森林での植林と、イギリスのあらゆる個人所有の広大な土地を利用した植林によって、王政復古から 17 世紀末までの間に、海軍の仕様寸法にあった 80 年から 150 年ものものオーク材がほぼ恒久的に供給可能となる」[57] と報告されている。

しかし、実際にはオーク材の価格高騰は 1756 年まで続き、木材の消費量も熱心な植林にもかかわらず増大し、再び将来必要となる海軍艦艇建造用木材の不足が生じはじめた。このことは、1771 年に前出の下院委員会

による、英国海軍に対する安定的な木材補給の不安に関する報告書として、委員会の意見に纏められている[58]。

イギリスにおける造船用木材の状況は、イギリス下院委員会の各種の文章でも確認でき、一例をあげると次のような内容である。「海軍が最も必要とする十分に成長したオーク材は、イギリスのどの地方の森からも十分に供給できる状況ではなく、この後さらに難しい状況に追い込まれるであろう。もし、この状態が続いた場合、東インド会社を含む民間海運業に必要な船舶建造用の木材は、個人所有林から供給することも考えなければいけない。今後、王室所有林の有効かつ継続的な植林と、適正な使用による消費量の削減を図る必要がある」[59]と結ばれている。

東インド貿易船は極めて大型で、舷側が高く戦艦同様の装備を有していた。1708年には一隻当たり約400トン積みであったが、1775年には800トン、1819年には1,350トンと大型化していく。このように、東インド会社においても、船舶需要が大幅に増加し、エリザベス女王（Queen Elizabeth）の43年間の治世時代を含め、1772年までイギリス王室は、東インド会社に船舶建造の勅許を下付し、これによって所有船舶のトン数は6万1,000トンに増加していたが、造船用木材の確保のためにイギリス立法部は、東インド会社に対して、所有船舶トン数が4万5,000トンに減じるまで新造船の建造を禁じた。これによって、1776年にはこのトン数にまで減少した。しかし、指示された船舶量に減少すると、東インド会社は新造船の建造を再開し、1792年には7万9,913トンに増加した。また、1811年までに英国で建造された船舶トン数は、年平均、約1,770トンずつ増加し続けた[60]。

一方、個人所有の森林は建築用材としても伐採され、また人口の増加によって、森林は食糧増産のための耕作地へも転用され、木材を成長させるための土地の減少を助長した。これら個人所有の森林は、造船用木材の供給源として保護されるべき土地であった。

また、植民地における森林保護も行われた。17世紀以降、国内の森林が枯渇したイギリスが、増加し続ける海軍用木材需要を満たすため、海外

植民地に木材を求めた。当初、主要な供給地は北アメリカであったが、アメリカの独立後、インドにも目が向けられるようになり、インド亜大陸西岸の西ガーツ山脈や、ビルマのテナセリム山脈で産出されるチーク材は、造船に適するとして特に注目された。イギリス海軍の木材需要とは別に、農地化の進行も、森林への圧力となった。19世紀半ばまでに、こうした森林破壊の進行に危機感を抱き、政府が森林保護のために組織的かつ計画的な手段を採るべきと提言する人々が現れた。彼らの多くは東インド会社の医務官であったが、1840年代以降、彼らはいくつかの州で森林保護官に任ぜられ、保留林の制定やチークの植林など、限定的ではあったが森林保護政策に着手した[61]。

1.4.4 造船用木材不足に対する対策

　長い間の製鉄業における木材の伐採、農地確保に伴う森林の減少は、植林による増産努力にもかかわらず、イギリスにおける造船用木材、特に長尺木材の枯渇は当時の造船に大きな影響を与えていた。このため、物資輸送に伴う船舶需要の増加に、新造船建造での対応は困難であった。この状況に対する対応についてみてみる。

（1）　外国木材の輸入

　1750年から1775年のあいだに製鉄業にコークスが使用されるようになり、英国の木材不足も改善されるかと思われたが、造船用木材不足の状況は、19世紀に至っても深刻なままで輸入量は年々増加傾向にあった。表26に示す300トンの船の建造費比較からも、イギリス製船舶の建造費ないし船価は、上昇傾向にあったのみならず、木材が豊富なアメリカ製やカナダ製のそれより上回っていたことが分かる。この主たる要因は、輸入木材の使用であった。

　そして、1820年にはリバプールの造船業界は割高な輸入木材に依存するようになり、結果的に、イギリス国内の建造費の上昇は植民地カナダからの船舶の輸入を促進させた。また、東インド会社は自社船をインドで建

表26　300トンの船の建造費比較

年	イングランド	アメリカ	カナダ
1825	100～110ドル／トン	75～80ドル／トン	90～100ドル／トン
1830	73～120	50以下	30～50
1845	87～90	75～80	―

出典：片山幸一「イギリス産業革命期の貿易と海運業（2）」、『明星大学経済
　　　学研究紀要』第28巻第1・2号、1997年3月、39-40頁。

造するようになり、イギリスの造船業に打撃を与え、1833年当時多くの
造船業者を廃業に追い込んでいる[62]。

(2)　造船用木材保管方法による損失対策

　1812年のイギリス下院委員会への「造船用木材と森林に関する報告書」
によれば、木材の成長のための土地は、1エーカー約5ポンドであり、80
本のオークの木を植えるには1エーカーの土地が必要であると記述されて
いる。そして、イギリス海軍にとって手に入れることが最も困難な木材
は、前述したとおり、マスト材、曲がった木材、そして梁（beam）や船
尾材（stern-post）用の大きな木材であった。スノドグラスは、1771年と
1791年の60フィートの木材が1ロード（1ロード：50ft^3（立方フィート）
の木材量、重量で1トン相当）当たり5シリングあったのに対し、40フィ
ート以下の木材の価格が1ロード当たり15シリングであった点に注目し、
この事実は長い材木より短い材木の需要が多いことを示し、小型の船舶建
造数の増加と、成長途中の木材が伐採されていると主張した。この点に対
する委員会からの質問に対して、「海軍工廠で3年間分の木材を在庫し続
けることは、十分に乾燥された木材を良い環境で保管されておればよい
が、全てがそのような環境で保管されているとは言い難く、木材の劣化が
進み、特に室外で長く保管された木材は疑いもなく劣化している、よっ
て、屋根のある乾燥した場所で保管するか、少なくとも覆いをかけること
を提案する」[63]と回答している。事実、海軍工廠における未加工の木材の

損失は、民間の造船所の約 1.5 倍で、それ以上の場合もあったと言われている。

　これらの経験から、スノドグラスは、大量の木材を海軍工廠や造船所で長期間保管する必要はないと考えていた。彼は「木材を取得したならばすぐに加工し、立てた状態で乾燥させ、船の肋骨に取り付けた後は、船全体を覆うに十分な大きさの屋根の下で作業すること」[64]を勧告した。彼のこの勧告は、経験を積んだ多くの造船主達に受け入れられ、1792 年には屋根をもったドックでの建造が始まっている。

(3)　造船部材としての鉄の使用

　スノドグラスは修理についても言及し、「修理は短期間で行い、木材の肋骨の交換だけでなく、必要であれば図 14 のように鉄の補強材や支柱によって強化すべきである」[65]と勧告している。ただし、彼の鉄材使用部位の提案には、船体動揺にともなう歪を逃がすことができずかえって船体を傷つけたものもあった。このため、この提案は継続して使用されなかった。結局、彼の勧告のような構造部材に鉄材を使用することが一般化した

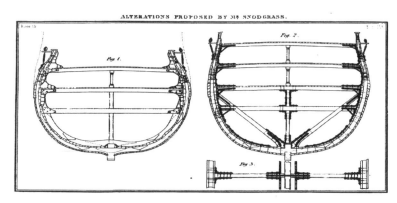

図 14　スノドグラスによって提案された鉄材の利用（黒実線部）

出典：John Fincham, Esq., *A History of Naval Architecture*, Whittaker And Co., 1851, p. 112.

のは、彼の勧告後 40 年以上たった木鉄交造船の建造によって実現されている。

(4)　船舶不足に対する応急的対策

　増大する輸送物資による船舶需要に対する対応策として、一つは、建造価格の高騰は生じるが、海外から木材を輸入することである。しかし、これでは船舶完成までの時間がかかりすぎた。では、どのような方策で対応したのであろうか。潜在的船舶不足に対する対応として、まず考えられたことは、表 27 に示した戦時に捕獲された船舶の活用と、植民地等国外で建造されイギリスで登録される船舶の活用であった。「戦時拿捕船のトン数は 1790 年から 1812 年にかけて 7 万 4,700 トンから 51 万 3,000 トンに大きく増加しており、またイギリスの植民地等で建造され登録された船舶は、1787～91 年の平均で 1 万 8,240 トンであったが、1830～34 年の平均では 2.4 倍の 4 万 3,740 トンに増加している」[66]。この事実は、これらの船舶が、当時の大量の物資輸送にある程度使用されていたことを物語っている。

　拿捕船等による隻数、総トン数の増加以外に、一隻あたりの出港回数を

表 27　イギリスの登録簿に記載されている戦時拿捕船

年	船舶数 (100 隻)	トン数 (1000 トン)	年	船舶数 (100 隻)	トン数 (1000 トン)
1801	28	370	1807	23	378
1802	28	359	1808	32	449
1803	23	307	1809	35	493
1804	25	337	1810	39	534
1805	25	340	1811	40	536
1806	26	342	1812	39	513

出典：G. R. Porter, *The Progress of Nation*, Methuen & Co. Ltd., 1912, p. 513. より作成

増加させ、船舶を一層効率的に運航することも行われていた。この点について、ゴードン・ジャクソン（Gordon Jackson）は「出港する 50 トン以上の船舶が、1790 年から 1841 年の間に隻数で 2 倍以上になったとしても、登録された全トン数は 55％だけ増大するに過ぎない。しかし、船舶一隻あたりの出港回数を、年間 5.5 回から 12.1 回に増加させたことにより、トン当りの出港回数は 3.9 回から 6.0 回に増加している。この事実は船舶の隻数以上に、生産性の顕著な上昇があったことを示している」[67]と述べている。

　これらの応急的対策によって、一応の海運業界からの船舶需要に対する供給量は満足されたが、抜本的な対策としては、造船部材への鉄材の使用まで待たねばならなかった。

第 1 章の注

1 ）　Larrie D. Ferreiro, *Ships and Science*, The MIT Press, 2007, p. 154.
2 ）　*Ibid.*, p. 165.
3 ）　A. M. ロップ（鈴木高明訳）「造船」、チャールズ・シンガー『技術の歴史 第 9 巻 鉄鋼の時代／上』第 16 章 筑摩書房、1979 年、273-274 頁。
4 ）　R. H. Thornton, *British Shipping*, Cambridge University Press, 1939, p. 3.
5 ）　Ferreiro, *op. cit.*, p. 23.
6 ）　Thornton, *op. cit.*, p. 5.
7 ）　杉浦昭典『大帆船時代—快速帆船クリッパー物語—』中公新書、200-205 頁。
8 ）　John Fincham, Esq., *A History of Naval Architecture*, London; Whittaker And Co., 1851, pp. 95-100.
9 ）　Gerald S. Graham, "The Ascendancy of the Sailing Ship 1850-80", *Economic History Review*, 2nd Ser., Vol. IX, No. 1, 1956-57, pp. 78-79.
10）　Chaudhuri, K. N., *Trade and Civilisation in the Indian Ocean: An Economic History from the Rise of Islam to 1750*, Cambridge University Press, 1985, p. 141.
11）　H. フィリップ・スプラット（石谷清幹、坂本賢三訳）「船舶用蒸気機関」、チャールズ・シンガー『技術の歴史 第 9 巻 鉄鋼の時代／上』第 7 章 筑摩書房、1979 年、111 頁。
12）　北正巳『スコットランド・ルネッサンスと大英帝国の繁栄』藤原書店、2003 年、174 頁。
13）　庄司邦昭『図説船の歴史』河出書房新社、2010 年、57-58 頁。
14）　上野喜一郎『船の歴史 第 3 巻（推進編）』天然社、昭和 33 年、90-98 頁。北正巳『スコットランド・ルネッサンスと大英帝国の繁栄』藤原書店、2003 年、174-175

頁。

15)　John Armstrong, "Government Regulation in the British Shipping Industry, 1830-1913: The Role of the Coastal Sector", Lana Anderson-Skog and Olle Krantz (ed.), *Institution in the Transport and Communications Industries* (Canton, Massachusetts, 1999), p. 163.

16)　S. Middlebrook, *Newcasle on Tyne: Its Growth and Achievement* (1968), p. 184. W. Featherstone, 'How Steam Came to the Tyne', See Breezes, January 1965.

17)　ブリッグ（Brig）型帆船：2本のマストに横帆（square sail）だけを取り付けた帆船。ただし後のマストには縦帆スパンカ（spanker）1枚が取り付けてある。

18)　E. E. Allen, "On the Comparative Cost of Transit by Steam and Sailing Colliers and on the Different Models of Ballasting", *Proceeding of the Institute of Civil Engineers*, 14 (1854-55), p. 318.

19)　A. M. ロップ（鈴木高明訳）前掲書、275-276頁。

20)　D. R. Headrick, *The Tools of Empire: Technology and European Imperialism in the Nineteenth Century*, Oxford University Press, 1981. pp. 143-144.

21)　庄司、前掲書.、59-60頁。

22)　一般的に、最初の鉄船の建造はバルカン号と言われているが、記録には残っていないが、最初の鉄造船は、手広く各種の鉄工所を経営するジョン・ウィルキンソン（Mr. John Wilkinson）によって1787年に建造されたトライアル号（Trial）と言う説がある。1787年7月14日に彼から手紙をもらったジェイムズ・ストックデール（James Stockdale）は「先週の昨日、私の鉄船（iron boat）が進水したが、浮かぶという私の予想に対して、1,000人の内999人が信じなかった。」と記述してあったといっている。このトライアル号に続き数隻の同様の船が建造され、セバーン河と中部地方の運河に就航していたのは確かであるが、その確実な記録が残っていない。このため、確実な記録があるバルカン号が最初の鉄船となっているものと思われる；R.J. Cornewall-Jones, *The British Merchant Service*, London Sampson Low, Marston & Company, 1898, p. 119.

23)　庄司、前掲書.、59-61頁。

24)　David R. MacGregor, *Fast Sailing Ships, Their Design and Construction, 1775-1875*, Naval Institute Press, 1973, p. 104.

25)　杉浦、前掲書.、56-7頁。

26)　ブライアン・レイヴァリ（増田義郎・武井摩利訳）『SHIP　船の歴史図鑑──船と航海の世界史──』悠書館、2007, p. 178.

27)　A. M. ロップ（鈴木高明訳）、前掲書.、274頁。

28)　同上、275頁。

29)　ブライアン・レイヴァリ、前掲書.、2007年、133頁。

30)　Headrick, *op. cit.*, pp. 132-133.

31)　B. R. Mitchell, *British Historical Statics*, Cambridge University Press, 1988, p. 535. より算出。

32) 岡田泰男編『西洋経済史』八千代出版、1996 年、p. 122.

33) J. ラングトン & R. J. モリス編（米川伸一・原剛訳）『イギリス産業革命地図』原書房、1989 年、98 頁。

34) H. J. Doys & D. H. Aldocroft, *British Transport*, Leicester University Press, 1969, p. 53.

35) 片山幸一「イギリス産業革命期の貿易と海運業（1)」、『明星大学経済学研究紀要』第 27 巻第 2 号、1996 年 3 月、7 頁。

36) 同上、8 頁；Davis, R., *The Industrial Revolution and British Overseas Trade*, Leicester U. P., 1979, p. 94.

37) 同上、8 頁；Davis, *op. cit.*, p. 99.

38) 同上、8 頁。

39) 同上、8、9 頁。

40) J. ラングトン & R. J. モリス編（米川伸一・原剛訳）、前掲書、98 頁

41) 片山幸一「イギリス産業革命期の貿易と海運業（3)」、『明星大学経済学研究紀要』第 30・31 巻合併号、2000 年 3 月、5 頁。

42) 小松芳喬『英国産業革命史（普及版)』早稲田大学出版部、1991 年、42 頁。

43) 同上、48 頁。

44) 同上、149 頁。

45) ジェイムズ・ドッズは、チェルシー美術学校と王立工芸大学で美術を学ぶとともに、船大工の資格を持ち、船乗りの修行もしている。

46) ジェイムズ・ムーアは、ヨットマンとして 40 年の経歴を持ち、海と船についての多くの著作がある。

47) James Dodds & James Moore（渡辺修治訳）『英国の帆船軍艦（原題：*Building The Wooden Fighting Ship*、1984 年』原書房、1995 年、16 頁；本書は、当時のイギリスでは、海軍の艦艇は非常に重要視され、建造コストも高かったので、材料調達に始まって、造作から艤装・兵装の仕事、更に建造にかかわった各種職人の名前に至るまで、正確・精密な記録が残されている。著者らは、これらの資料の徹底的な調査・研究に基づき、複雑な工程を数多くのイラストとともにまとめている。

48) Fincham, Esq., *op, cit.*, p. 213.

49) *Ibid.*, pp. 209-215.

50) ガブリエル・スノッドグラスは、1757 年から 1794 年まで東インド会社の造船検査官で、東インド会社の帆船に初めて鉄製梁を使用した。鉄の肘や鉛直支柱や方杖（ダイアゴナル・ブレース）等によって、船体をより頑丈にすることを提案した。彼は、1771 年以降、イギリス海軍本部を初め他の政府部門に対して、全ての国々の船舶から知識を集めることを勧告している。

51) Fincham, Esq., *op, cit.*, p. 110.

52) *Ibid.*, p. 110.

53) Robin Craig, "Capital Formation Shipping", in Higgins, J. P. Pollard, S. (eds),

Aspect of Capital Investment in Great Britain, 17750-1850, Methuen & Co., 1977, p. 143.

54）Fincham, Esq., *op, cit.*, pp. 109-110.

55）この点について見てみると、造船用木材の供給源を国内に持つことの重要性に対する認識は、古くヘンリー 8 世の時代（1540 年代）に遡る。ヘンリー 8 世は国家の海軍力の増強の重要性を熟知し、造船用木材の保護と植林に関する通知を策定している。1559 年には、エリザベス女王もまた、造船に必要な木材の保護についての指令書を発している。しかし、表 24 に示したように、17 世紀に入りイギリス海軍の急速な増強のために、オーク（oak：樫）材の要求が強まり、この種の国内材木の減少が急速に進んだ。当時の状況を、王立協会（Royal Society）研究員のエヴァリンは、オーク材の価格は数年で 4 倍にもなったと報告している。この価格に関する報告は、王政復古直後の 1638 年に、チャールズ 1 世がジョン・ウィンター卿（Sir. John Wintour）に売却した王室所有のディーンの森（Dean Forest）で育った材木価格の比較で確認されている（*Ibid.*, p. 209-210）。

56）Fincham, Esq., *op, cit.*, p. 210.

57）*Ibid.*, p. 211.

58）*Ibid.*, p. 211.

59）*Ibid.*, p. 212.

60）*Ibid.*, p. 213.

61）水野祥子「森林政策」、秋田茂編『イギリス帝国と 20 世紀　第 1 巻―パクス・ブリタニカとイギリス帝国―』ミネルヴァ書房、2004 年、331 頁。

62）片山幸一「イギリス産業革命期の貿易と海運業（2）」、『明星大学経済学研究紀要』、第 28 巻第 1, 2 号（1997 年 3 月）、40, 41 頁。

63）Fincham, Esq., *op, cit.*, pp. 106-113.

64）*Ibid.*, p. 112.

65）*Ibid.*, p. 112.

66）片山幸一「イギリス産業革命期の貿易と海運業（3）」、『明星大学経済学研究紀要』、第 30、31 巻合併号、2000 年 3 月、6-9 頁。

67）G. Jackson, "The Shipping Industry", in Freeman, M. J. and Aldcroft, D. F.（eds.）*Transport in Victorian Britain*, Manchester University Press, 1988, p. 262.

第2章
舶用蒸気機関の開発の遅れ

　1838年以降も表28に示すように主要輸出品の増加が続いていた。にもかかわらず、蒸気船による物資輸送の普及は進んでいない。第2章ではその要因について、19世紀前半期の舶用蒸気機関の進歩の状況について見てみる。

2.1　19世紀前半期の舶用蒸気機関の実情

　産業革命期における蒸気船の建造状況については、1.2.1項の実用蒸気船の登場の項で記述したとおりであり、当時は石炭の補給が容易な、主として運河や沿岸・近海を航行する小型の蒸気船が主であった。その後、外洋航路へ進出はしたが、舶用蒸気機関は依然として重く、大きな容積を占有し、かつ燃料効率の改善も進んでいなかった。このため、自航用燃料炭の積載量が大きな問題であり、物資輸送のためのスペースを確保すること

表28　連合王国の主要輸出品の価額（1838〜80年）

（単位：万ポンド）

年	綿製品	羊毛製品	鉄鋼	非鉄金属及び製品	機械類	石炭
1838	2,410	620	250	190	60	50
1850	2,830	1,000	620	250	100	130
1860	5,200	1.570	1,360	400	380	340
1870	7,140	2,670	2,350	480	530	560
1880	7,560	2,060	2,720	480	930	840

出典：B. R. Mitchell編（犬井正監訳・中村寿男訳）『イギリス歴史統
　　　計』原書房、1995年、481-482頁より作成。

は難しかった。

2.1.1　舶用蒸気機関の問題点

　第1章で記述したとおり、舶用蒸気機関の本格的な開発は18世紀末以降で、実用化は19世紀に入ってからである。蒸気機関はワットによって大きく進歩したものの、ワットは第三者に自身の特許の使用を認めず、このことがひいては蒸気機関の進歩を妨げていた。19世紀に入り、ワットの特許が失効し陸用蒸気機関では高圧化が進んだが、舶用蒸気機関は、陸用蒸気機関に対して50年遅れることになった。

　一般に、蒸気船の発明者は、ロバート・フルトン（Robert Fulton）であると言われているが、1.2.1項で記述したとおり、蒸気船の開発はフルトン以前にも行われており、彼が発明者であるというのは間違いである。では何故、フルトンが発明者と一般に言われているのであろうか。その理由は、商業的に成功した実用蒸気船を初めて建造したからであり、それ以前の蒸気船は模型であったり、実際に人を乗せて川を遡ったりはしたが、途中で蒸気機関が故障したりし、信頼性にいちじるしく欠けるものであった。また、実用蒸気船として運河における艀の曳航に成功した前出のシャーロット・ダンダス号も、運河への悪影響等の批判に合い商業的には成功しなかった。

　フルトンは、1803年にパリで蒸気船を作り[1]、その後アメリカに戻り、商業的に成功した最初の蒸気船クラーモント号（Clermont）号100トンを、ハドソン川のニューヨークとオルバニー間に1807年に就航させた。このクラーモント号のボイラはワゴン型ボイラであった可能性が高いといわれている[2]。一方、イギリスも含めたヨーロッパにおける最初の実用蒸気船は、イギリスのヘンリー・ベル（Henry Bell）のコメット号28トンである[3]。彼は1808年にクライド河口のヘレンスバラで旅館を経営することになり、そこから14マイル離れたグラスゴーからの客を運ぶために1811年に建造を開始、1812年1月18日に完成し、スコットランドのクライド川で就航した。機関の詳細は、ワットの4馬力複動式蒸気機関を左舷

よりに、右舷よりに煉瓦積みで囲ったボイラ（外火式ワゴン・ボイラ）を置いた[4]。

　これら初期の蒸気船に装備された蒸気機関のボイラは機関に対して大きく、且つ船体に対しても相対的に大きく、これに石炭を積むと更に空間は狭くなった。このため、1820年代に入り大西洋横断蒸気船の航行が始まった時期に、舶用蒸気機関も、陸上と同じようにより小型で航海性能や燃料効率の良い高圧機関の開発へ向かうべきであったが、実際は凝縮器付きの低圧機関を装備し続けた。その主な理由は、海上での運用であるため安全性を特に考慮したことと、当時の外車やスクリュー・プロペラを装備した蒸気船にとっては、一定速度以上の回転数（例えば10～12 rpm）を必要としなかったこと[5]による。また、当時のイギリス商務省の検査官が舶用ボイラに対して、ボイラ爆発を恐れ慎重な姿勢を崩さず、20 psi（20ポンド毎平方インチのこと：1.4 kg/cm^2）を越える圧力を許可しなかったことも一因していた[6]。

表29　自航用燃料の占める割合

年度	船　　名	総トン数	石炭積載量	貨物積載量	推進方式	機関方式
1840	Britannia	1,189	640	225	外車	単式レバー
1855	Persia	3,300	1,640	1,100,	外車	単式レバー
1865	Java	2,697	1,100	1,100	スクリュー	単式回転
1874	Bothnia	4,556	940	3,000	スクリュー	2段膨張機関

出典：C. E. Fayle, *A Short History of the World's Shipping Industory*, George Allen & Uuwin Ltd., 1937, p. 241.（筆者翻訳）なお、単式とは気筒（シリンダ）が一個の機関をいう。

　熱効率を確実に上げるためには高圧蒸気が有利であることは、陸上で使用されていたコーンウォール機関と呼ばれる高圧揚水機関の経験から、当時の技術者は知っていた。しかし、当時の舶用蒸気機関は、上述のように安全性を最優先し、実績のある低圧機関を選択した。このような理由で、高圧機関の開発と装備が遅れたため、長距離航海を行うためには自航用燃料炭を大量に積む必要があった。表29は、この状況の変化を示したもの

71

で、19世紀前半期に建造された蒸気船の、総トン数に占める石炭積載量の割合がいかに大きかったかを表している。

　この表から、1840年代の自航用燃料炭の積載量は総トン数の半分以上を占め、物資積載量は極めて少なかったことが分かる。1860年代になってかなり改善されたが、1870年代に普及した2段膨張機関の搭載によって、初めて自航用燃料炭の積載量より貨物積載量が上回るようになった。

2.1.2　なぜ蒸気船は大型化したのか

　当初、蒸気船は全て木造船であり、前述したとおり、蒸気機関の搭載による木材の放射熱腐食や、機関の振動による接合部の緩み等、各種の問題点があった。この解決策として、当時生産量が増大した鉄の使用が考案された。

　一方、舶用蒸気機関の燃料効率の悪さは改善されず、蒸気船は大量の自航用燃料炭の搭載を依然として必要としていたことは前項でも見たとおりであり、特に長距離を航海する蒸気船にとっては、積載容積の殆どを自航用燃料炭が占めることとなり、長距離航海を行う外航船は、出港時に航海距離に応じた大量の石炭を搭載していた。その容積を確保するためにも、船体の大型化は必要不可欠であった。その大きさの変化を、同一縮尺で表したのが図15である。ブルネルが設計したグレート・イースタン号（Great Eastern）の船体が極端に大きかったのは、オーストラリアまで燃料補給せずに航海できる蒸気船としてオーストラリア航路に投入される予定であったことと、外車用とスクリュー・プロペラ用の蒸気機関を装備していたことが挙げられ、その積載重量の実に9割は自航用燃料炭で占められていた。

　また、船体を大型化するためには、造船材料として鉄を使用することは不可欠であった。当時は、錬鉄（wrought iron）と呼ばれる鉄で、この錬鉄の生産量は、当初、少量かつ高価であったが、ヘンリー・コートによるパドル法の発明と、圧延法をあわせたパドル圧延法によって、量産化が進み造船用材として使用が可能となっていた。

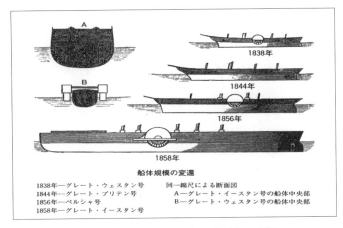

図15　19世紀前半期の船の大型化の変遷

出典：D. R. ヘッドリク（勝正・多田博一・老川慶喜訳）『帝国の手先』日本経済評論
　　　社、1989年、169頁。

2.1.3　舶用蒸気機関の利用範囲拡大

　上述したとおり、効率の悪い舶用蒸気機関を装備した蒸気船は、当初、
石炭補給が容易なイギリス沿岸において、主として旅客輸送と郵便輸送及
び港内等の曳船として使用され、近海では海峡フェリーとして使用されて
いた。また、物資輸送面では、イギリス北部からロンドン等の南部都市へ
の石炭輸送船としても使用されていた。

　蒸気船は帆船に比べて気象・海象に影響されず、運航における定期性・
確時制が確保できることから、往復に最大2年もかかった帆船での海外植
民地との郵便輸送帆船（sailing packet）にかわって、高額な運賃を必要と
したが、郵便輸送蒸気船（steam packet）に変更され蒸気船の外洋航路へ
道が開かれた。しかしながら、依然として舶用蒸気機関の燃料効率は悪
く、このため蒸気船による輸送物資は、後述するような政府の補助金を得
て航海した郵便輸送や、旅客輸送及び高価で容積のとらない少量の物品
（主として完成品）の輸送に限られていた。

　イギリスで建造された鉄製スクリュー蒸気船オーストラリアン号

（Australian）2,000 トンは、英国からオーストラリアのメルボルン（Melbourne）に郵便物を輸送した最初の蒸気船であったが、1852 年 7 月 5日にプリマス（Plymouth）を出港し、セント・ヴィンセント（St. Vincent）、セント・ヘレナ（St. Helena）、テーブル・ベイ（Table Bay）、そしてセント・ジョージズ（St. George's）で石炭を補給しつつメルボルンに89 日で到着し、帰港時は喜望峰までに 76 日を要し、ロンドンに帰港したのは 1853 年 1 月 11 日で、その航海日数は、実に 6 カ月と 6 日という長期間を要した。この事実は、当時の帆船オーストラリア・クリッパーに脅威を与えるようなものではなかった。また、1854 年に就役した補助蒸気機関とスクリュー・プロペラを装備し、クリッパーと同様多くの帆も装備した鉄製帆船アルゴ号（Argo）1,850 トンは、ロンドンからメルボルンまで64 日で航海し、帰港時は喜望峰まで 63 日で航海し、オーストラリアン号に比較し短期間で航海している。しかし、このアルゴ号の航海期間のほとんどは帆走で、補助蒸気機関を使用したのは平穏で風が弱い場合のみであり、この段階での帆走の優位性を物語るものとなっている。特筆すべき点として、アルゴ号は蒸気機関を装備した船として初めて世界一周を行った商船でもあった。一方で、このアルゴ号の航海は、帆走できない気象状況下における補助蒸気機関とスクリュー・プロペラの装備が有効であるということを示した。このアルゴ型は、ローヤル・チャーター号（Royal Charter）、イスタンブール号（Istamboul）、そしてケルソニーズ号（Khersonese）に引き継がれている。アルゴ型は、クリッパーと同じ船型の船体に補助蒸気機関を装備していたため、この鉄製蒸気帆船は、「蒸気クリッパー」と呼ばれた。しかし、蒸気クリッパーの運航は経費がかかる割には速度が遅かったために、従来の帆船クリッパーに対する強烈な対抗馬とはなりえなかった。このため、補助蒸気機関を装備した蒸気クリッパーは成功したとはいえず、依然帆船クリッパーが優位であった。ただ、物資の輸送と 3 等船室利用者用としての有効性は認められた[7]。図 16 は、1864 年に建造された補助蒸気機関とスクリュー・プロペラを装備した帆船シー・キング号（Sea King）で、アルゴ号より時代が進んでいるが、ア

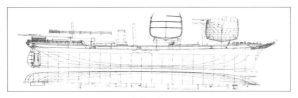

全体配置

船体模型

帆を展張した姿

図 16　補助蒸気帆船シー・キング号

出典：David R. MacGregor, *Fast Sailing Ship*, Naval Institute Press, 1973, p. 222-225.

ルゴ型も同じような船型であったものと思われる。

　また、1866 年にグラスゴーで蒸気帆船パライア号（Paryre）として建造された 4 本マストの鉄船は、後になって補助蒸気機関を取り去って、ランシング号（Lansing）と船名も変えて 1924 年に至ってもノルウェー国旗を掲げて帆走していた[8]。これら補助蒸気機関を装備した船舶に関して、Lloyd's Register の 1869 年度版に、帆船の補助蒸気機関と蒸気船の蒸気機関を区別するために、新たな項目が Key to the Register に追加されている[9]。

2.2 外車からスクリュー・プロペラへ

　19世紀前半期における蒸気船の進歩としては、鉄製船体への移行以外に、推進方法の変更が挙げられる。

　最初の蒸気船が発明されて以来、その推進力は外車（puddle：外輪とも訳されている）であった。外車はスクリュー・プロペラ（Screw propeller：螺旋推進器）が実用されるまでは、ただ一つの推進器としてかなり発展した。外車推進は前・後進が自由で、喫水を浅くできるため、河川や湖沼のような波浪の静かなところでは適しているが、外洋の航海には次のような欠点があった。

（1）　動揺が激しいと外車の水をかく力が減じ、また、風の抵抗を受けて速力が低減する。
（2）　外車は露出しているため、波や漂流物による損傷の恐れがある。
（3）　航路が長いと燃料消費にともなう喫水減少により、外車の水をかく力の不均一と減少を伴う。
（4）　外車装置の装備容積を確保のために載貨能力が減少する。

　また、外車船は必ずしも軍艦に適してはいなかった。というのも、外車はたった1発の被弾で完全に破壊される危険をおびていたからである。外車推進器からスクリュー・プロペラ推進に代わる時代にクリミヤ戦争がおこり、その危惧が現実になった。陸上の砲代から外車推進器を狙い撃ちされた軍艦が航行不能におちいってしまったのである。このため、海軍は民間船以上に、外車の問題を深刻にとらえ、この対策として選択されたのが、水面下に装備されるスクリュー・プロペラであり、上述したような危険は極めて少ないものと考えられた。スクリュー・プロペラを初めて装備した軍艦は、アメリカ合衆国のプリンストン号（Princeton：1842年9月完成、木造、1,046トン）で、ある程度の成功を収めている。プリンストン号には、ジョン・エリクソン（John Ericsson）が特許を取った揺動機関（Oscilate Engine）、別名振り子機関が装備されていた[10]。このスクリュ

ー・プロペラは、水面上にある外車に対して、水面下にあることから暗車と呼ばれ、構造が簡単で、全部水面下に没入しているため外車のような欠点はなかった。ただ、船尾の振動が激しいことと、風浪のため船の縦揺れ（ピッチング）が激しい場合はスクリュー・プロペラの空転が激しく、推進力を減殺することが欠点であった。しかし、その長所は優に短所を補って余りがあり、外車を大洋航路から駆逐するに至った。

　スクリュー・プロペラ推進に関する最初のイギリス特許は、サミュエル・ミラー（Samuel Miller）のもので 1775 年であった。1796 年に最初の試みがニューヨークでジョン・フィッチによって行われ、1802 年にはジョン・スティーヴンズ（John Stephens）によって行われたが、さしたる成功は得られなかった。1837 年にフランシス・スミス（Francis P. Smith）が木製スクリュー・プロペラを付けた汽艇で実験を行い、船の速力が目覚ましく増大した。民間では、1838 年にスクリュー・プロペラ装備の蒸気船アーキミーディズ号（Archmedes：アルキメデスのこと）237 トンが建造され、イギリス海軍本部も、スクリュー・プロペラを装備した最初の軍艦ラトラー号（Rattler：木造、867 トン）を 1843 年 12 月に就役させ、スクリュー・プロペラ推進のラトラー号（Rattler）と外車推進のアレクト号（Alecto）との綱引きで、ラトラー号が勝利しその優位性を証明している。

　スクリュー・プロペラ推進の実用性が認められると、外車に比べて便利で効率も良かったことから、広く採用されるようになった。しかし、スクリュー・プロペラは、当時利用されていた低速外車機関よりも遥かに高速の回転を要求した。このため、初期のスクリュー・プロペラ蒸気船は増速装置付き機関を装備し、ロープやチェーンや歯車を使って速度を増加しなければならなかった。1843 年に大西洋を横断した最初のスクリュー・プロペラ蒸気船、グレート・ブリテン号（Great Britain）に装備されれた機械は、図 17 に示すようなチェーンを使った代表的な例である。また、スクリュー・プロペラを喫水線より下に装備する必要からスクリューシャフトも下げる必要があった。限られたスペースに従来のピストンを装備することが難しく、スクリュー・プロペラの装備は、同時に舶用蒸気機関の進

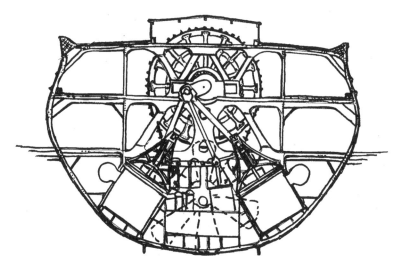

図17　スクリュー・プロペラ増速装置付き機関と6翼プロペラ（点線）の
　　　相対位置（著者作成）

歩も促した[11]。

2.3　単気筒蒸気機関の種類

　19世紀前半期に蒸気船に装備された単気筒蒸気機関の種類を見てみる
と、以下のとおりである。

2.3.1　外車推進蒸気船用単気筒蒸気機関

　外車推進蒸気船には、図18（p. 82）に示すような蒸気機関が装備されて
いた[12]。それぞれの蒸気機関の概要を説明すると、以下のとおりである。

（1）　ビーム・エンジン（Beam engine：天秤型機関、ウォーキング・ビー
　　　ム型ともいわれる。）

　陸用と同じく、気筒を縦に上向きに設置し、上方に横たえたビームを経
て車軸を動かすようになっている。特にアメリカで河川や湖用の蒸気船に

使用されていた。

(2)　サイドレバー・エンジン（Side lever engine：側挺機関）

　蒸気機関にビームを用いたのは、トーマス・ニューコメンであるが、彼のエンジンは、単に往復運動のみで、この運動をビームを仲介し排水ポンプに伝えていた。ワットの単動蒸気機関も、この型式に倣っており、彼の回転蒸気機関も依然ビームを持っていた。陸上で用いられた蒸気機関のビームは上方にあったので、これでは場所を取り、且つトップヘビーになるため、舶用機関としては特殊船以外には不適当であった。このため、ビームを下方の気筒の両側に置くように改良したもので、この型をサイドレバー・エンジン（測挺機関）と名付けられた。この機関は、イギリスでコメット号（Comet）に初めて用いられて以来、改良が加えられて、19 世紀中頃まで舶用蒸気機関の標準型とされ、航用船に最も多く採用された。大西洋航路に就航したイギリスの主要な外車船に注目すると、そのすべてに共通する一つの特徴は、サイドレバー・エンジンを搭載していたことをみても分かる。この蒸気機関を装備しインドへの航海に出港したエンタープライズ号（Enterprise）は、帆走の場合には外車を固定させるための装置を装備していた。石炭は鉄製タンクの中に貯蔵され、消費後は、このタンクに海水を入れて船の喫水の変化が外車の働きに悪影響を与えることを防いだ。

(3)　オッシレーティング・エンジン（Oscilating engine：揺動型機関）

　ビームを用いない直動機関（Direct Acting Engine）が発明されてからは、揺動型機関と、後述の斜動機関とが舶用機関として重きをなすに至った。直動機関とは、ピストン棒より接続棒を経て、直接クランクを回転する装置となっている機関である。揺動型機関は、今日でも模型等に用いられる首振り機関の如く、ピストン棒の先端が直接クランクに接続されているので、運転に際して、汽筒はその中央部に設けた蒸気出入用の管を中心として揺動する。このエンジンは、最初、リチャード・トレヴィシック

（Richard Trevithick）によって提案された。1827年にゴールドワーシー・ガーネイ（Goldworthy Gurney）は、彼の発明した蒸気自動車にこれを用いている。1830年、ウィリアム・チャーチ（William Church）が、これで外車を動かすことに関する特許を得ている。この型の実例で有名なのは、1857年に建造されたグレート・イースタン号の外車用機関で4個の揺動汽筒を装備していた。

（4）　スティープル・エンジン（Steeple engine：尖塔機関）

　スティープル・エンジンは、甲板上に三角形の架構が尖塔のごとく突出しているのでこの名がある。この機関はイギリスの軍艦ゴルゴン号（HMS Gorgon）とその同型艦に装備されたことからゴルゴン型とも呼ばれた。

（5）　ダブルシリンダ・エンジン（Twin cylinder engine：双筒機関）

　ダブルシリンダ・エンジンは双筒機関とも呼ばれ、同じ大きさの気筒2個を前後、または左右に配置し、両者のピストン棒の上端を1個のT字板の2端に取り付け、T字板の下部に連接棒を取りつけてクランクシャフトを回転させる装置である。これは、揺動機関と共に、場所を節約するのが目的で考案されたもので、軍艦に多く装備された。別名サイアミーズ（Siamese）型とも呼ばれた。

（6）　ダイアゴナル・エンジン（Diagonal engine：斜動機関）及びホリゾンタル・エンジン（Horizontal engine：横置機関）

　気筒が斜めに配置された直動機関がダイアゴナル・エンジン（斜動機関）で、水平に配置された直動機関がホリゾンタル・エンジン（横置機関）である。これらは、いずれも外車蒸気船に広く採用されている。横置直動機関は、1857年に建造されたグレート・イースタン号のスクリュー・プロペラ用としても装備されている。

2.3.2　スクリュー・プロペラ推進蒸気船用単気筒蒸気機関

　外車の回転数は毎分 10〜20 回転程度であるが、スクリュー・プロペラ
の性能を発揮させるためには毎分 50〜60 回転以上が必要である。ところ
が、スクリュー・プロペラが発明された当初は、そのような高速回転の蒸
気機関ができなかったので、初めは、ロープ、ベルト、鎖、歯車を用いて
増速して推進器軸を回転していた。これらの増速装置の中で、歯車を用い
たものが最も確実であり、歯車装置を付けた機関は、ギヤード・エンジン
（Geared engine：車装機関）と呼ばれた[13]。この他に、図 19（p. 83）に示す
ような、次の機関が使用された。

（1）　トランク・エンジン（Trunk engine：筒装機関）及びリターン・コネ
　　　クティング・ロッド・エンジン（Return connecting-rod engine：
　　　還動型）

　1850 年代には、機関全体の速度を十分に大きくすることができるよう
になったので、歯車も廃止され、機関のクランク軸が直接にスクリュー・
プロペラ軸に接続されるようになった。スクリュー・プロペラの特徴の 1
つは、機械全体を喫水線下に配置することで、このために機関の高さもで
きるだけ低くしなければならないため、機関も横置式のものが用いられて
いる。ところが、船の幅には限りがあり、また推進器軸の位置も定まって
いるので、この間に普通の横置式機関を配置することは困難なことであっ
た。それで、これに適するように、トランク・エンジン及びリターン・コ
ネクティング・ロッド・エンジンが考案された。

　トランク・エンジンというのは、ピストン棒を廃し、その代わりにピス
トンに中空の筒（トランク）を設け、連接棒が直接クランク軸を回す構造
になっている。このため、ピストン棒がない分蒸気機関の長さを短くする
ことが可能であった。この型はイギリスのペン社（Penn）が開発したもの
で、初期のスクリュー・プロペラ推進蒸気船に広く使用された。

　リターン・コネクティング・ロッド・エンジンというのは、長いピスト
ン棒が 2 本あり、その端にあるクロスヘッドからクランクを回す連接棒

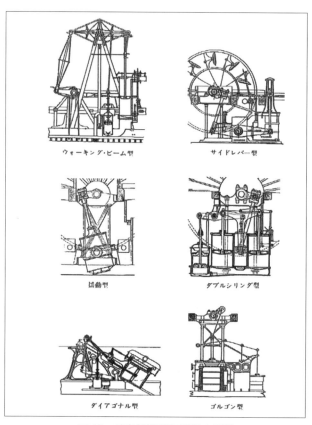

図 18　外車推進蒸気機関の種類

出典：元網数道『幕末の蒸気船物語』成山堂書店、2004 年、31 頁。

が、シリンダ方向に取り付けられているもので、フランスの軍艦に多く使用された。機関全体としての長さは短くならないが、クランク軸が機関の中央にあるので、機関の配置上都合がよかった。

(2)　倒置縦型機関（Inverted vertical engine）

　スクリュー・プロペラ用蒸気機関の最後の形態は、倒置縦型機関で、この種の機関は 1850 年ごろ考案されたが、1860 年ごろから貨物船及び客船

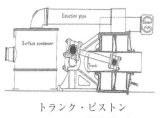

トランク・ピストン
エンジン（筒装機関）

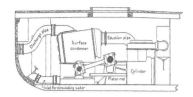

リターン・コネクティング・ロッド
エンジン（還動型）

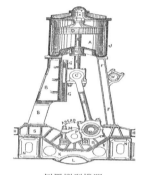

倒置縦型機関

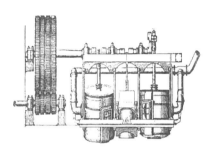

ギヤード型

図 19　スクリュー・プロペラ推進器用蒸気機関

出典：倒置縦型機関：上野喜一郎『船の歴史 第 3 巻（推進編）』天然社、昭和 33 年、
　　　　121-123 頁。
　　　筒装・還動機関：E. C. Smith, *A Short History of Naval and Marine Engineering*,
　　　　Babcock And Wilcox, Ltd., 1937, p. 146.
　　　ギヤード機関：A. Fraser-Macdonald, *Our Ocean Railways*, Chapman and Hall,
　　　　Ltd., 1893, p. 70.

等商船の標準型機関となった。これは、シリンダーが上、クランクが下に
ある型式で、現在の舶用ディーゼル機関は全てこの型式である。ワットの
機関を初めとして、従来の機関ではこれらの関係が逆になっているのでこ
の名がある。この種の機器は従来のものに比べて、場所を占めることが少
なく、据え付けや修理も容易で、機関の摩耗も少なく、またピストンの運
動行程が大きいから車軸の回転力を増す等種々の利点があった。

第 2 章の注

1 ） H. W. Dickinson, *Robert Fullton: Engineer and Arist, His Life and Works*, London: John Lane, 1913, p. 136.

2 ） *Ibid.*, pp. 172-173.

3 ） E. C. Smith, *A Short History of Naval and Marine Engineering*, Babcok And Wilcox, Ltd., 1937, p. 14.

4 ） 小林学著『19 世紀における高圧蒸気原動機の発展に関する研究』北海道大学出版会、2013 年、39 頁。及び庄司邦昭著『船の歴史』河出書房新書、2010、58 頁。

5 ） 回転数を上げることによる関連装置への負荷が大きくなり、シャフトやクランク等の部品を損傷させる可能性が大きいことに起因する。

6 ） ブライアン・レイヴァリ（増田義郎・武井麻利訳）『SHIP 船の歴史文化図鑑』悠書館、2007 年、178 頁。

7 ） Arther H. Clark, *The Clipper Ship Era: An Epitome of Famous American and British Clipper Ships, Their Owners, Builders, Commanders and Crews 1843-1869*, G. P. Putnam's Sons, 1910, pp. 286-287.

8 ） ジョージ・ネイシュ（須藤利一訳）「造船」、チャールズ・シンガー『技術の歴史 第 8 巻 産業革命／下』第 19 章 筑摩書房、1979 年、501 頁。

9 ） The Committee of Lloyd's Register, *Lloyd's Register of British and Foreign Shipping*, 1869, Key to the Register,：「帆船に艤装された補助蒸気動力（Auxiliary Stem Power）については、AP.30H（30 馬力）のように区別して第 3 欄（The Third Column）に表示した。」

10) H. フィリップ・スプラット（石谷清幹、坂本賢三訳）「舶用蒸気機関」、チャールズ・シンガー『技術の歴史 第 9 巻 鉄鋼の時代／上』第 7 章 筑摩書房、1979 年、115 頁。

11) 同上、114-116 頁。

12) 上野喜一郎『船の歴史 第 3 巻（推進編）』天然社、昭和 33 年、115-119 頁。

13) 同上、119-121 頁。

第3章
物資輸送手段としての蒸気船と帆船

　舶用蒸気機関は、当初、運河や川船に採用されたことは前述のとおりである。外車船の外洋への進出は、舶用蒸気機関の基本技術が成熟するとともに発展していったが、舶用蒸気機関に不可欠な真水の持続的供給技術等の遅れによる問題もあり、陸上の蒸気機関の進歩に比べ、その進歩は遅れた。一方、帆船船主は蒸気船の物資輸送への進出に脅威を感じ、これに対抗すべく帆船への新技術の導入を積極的に行うことによって、その後も物資輸送における優位を維持し続けた。

3.1　蒸気船による大西洋横断
　外洋に乗り出した最初の蒸気船は、混種、つまり補助蒸気機関を備えた「帆船」であった。1819 年に最初の大西洋横断に成功した蒸気船サヴァンナ号（Savanna）320 トンは、アメリカのサヴァンナから英国のリバプールまでの 27 日ないし 29 日間の航海において、蒸気機関を使用したのは僅か 4 日にも満たなかった[1]。この船は、もともと帆船で蒸気機関を補助に使ったものであった。サヴァンナ号は、蒸気船としての地位を築くことはできなかったが、その機関は少なくとも運転中に支障をきたすことはなく、大西洋横断の航海の一部分を行い得たことは、船舶技術史上の新時代を予感させた船として史上にその名を止めている。また、インドに到着した最初の蒸気船エンタプライズ号（Enterprise）479 トンは、1825 年ファルマス（Falmouth）からカルカッタ（Culcutta）への全 113 日の航海のうち、蒸気機関を使用したのは 63 日間であった[2]。実際、当時の舶用蒸気機関の発達の状況からすれば、これら小型の蒸気船では、長い航海に必要

な自航用燃料炭を積載することが困難であり、とても全航程を蒸気機関で航走することは不可能であったと思われる。すなわち、当時の蒸気船は帆走が主で、帆走ができない場合に蒸気機関を使用するように考えられていたといえる。

　この "常識" が覆されるのは、1838 年に、もともとボイラ用の真水が容易に手に入る沿岸航海用に造られたシリウス号（Sirius）703 トンが、大西洋を終始蒸気力で 20 日以下の日数で横断した時であった。しかしこのシリウス号の記録も、数時間しかもたず、その直後にブルネルによって大西洋で運航することを目的として建造された最初の蒸気船である、グレート・ウェスタン号（Great Western）1,340 トンが記録を 15 日間に短縮してしまった。また、当時外洋に進出した大型の初期の蒸気船の船質は木材で、その後も、アメリカ、イギリス、カナダの蒸気船が大西洋航路に就航したが、1845 年にニューヨーク航路に就航したグレート・ブリテン号（Great Britain）までの蒸気船の船質は全て木材であった。

3.2　クリッパー[3)]の登場とその発展

　物資輸送として期待されていた蒸気船であったが、前項までで記述した通り、舶用蒸気機関の燃料効率の悪さから、自航用燃料炭以外の物資を積載できる容積が局限されていた。このため蒸気船は、外洋航路においてはその利点である定期性・確時性を利用した、郵便と旅客輸送が主で、物資輸送船としての蒸気船は、前述の通り依然として燃料補給が容易な沿岸航路、あるいは近海航路に限られ、他地域への物資輸送は帆船が担っていた。

　一方、帆船には、その運航が気象・海象に大きく影響されるという欠点があった。この欠点をおぎない、かつ蒸気船に対抗できるように、速度の向上や運賃の低減対策のために、各種の新技術の導入に努めた。このような帆船の代表例が、ティー・クリッパー（Tea Clipper）と木鉄交造船（Composite Ship）であった。

3.2.1　アメリカにおける帆船建造技術の進歩

　北アメリカ東岸のニューイングランド（New England）を中心とした地方は、植民地時代から造船業が発展し、独立戦争までは木材不足が深刻であったイギリスやフランスにも盛んに帆船を輸出していた。その繁栄の最大の要因は、アメリカの広大な森林が無尽蔵に木材を提供してくれることにあった。海岸近くの入江に良材を産する森林があり、肋材に使うホワイト・オーク（楢材）、ライブ・オーク（樫材）、ローカスト（ハリエンジュ材）、シーダー（杉）、メープル（楓）、バーチ（樺）、ファー（樅）などの造船用木材を手に入れることが容易であった。また、イギリス植民地の頃は、トン税測定法に定められた建造仕様の足枷もあり、イギリス本国と同様の帆船を建造していた。ところが、1781年のイギリスからの独立後は、トン税測定法という足かせが無くなり自由な発想で帆船が建造できるようになったことから、イギリスに比べ帆船建造技術に独自の進歩がみられた。

　アメリカの帆船建造の特筆すべき出来事は、積載量より速度を優先した快速帆船「クリッパー」の建造である。この帆船は、アメリカの独立戦争（1775〜81年）とも、米英戦争（1812〜15年：Naval War とも呼ばれている）とも密接な関係を有している。すなわち、戦時にイギリスの封鎖を突破するために、あるいは洋上でイギリス海軍の帆船を振り切るために、また、私掠船として活躍するためには、積載量より速度が重要であった。このような要求を実現するために登場したのが図20に示すような「ボルティモア・クリッパー（Baltimore Clipper）」と称されるボルティモアで建造された快速帆船であった。当初は、2本マストで「スクーナー型（全てのマストが縦帆の帆船：Schooner）」の縦帆を持ち、従来の帆船より細身の船体を有していた。その後、ドナルド・マッケイ（Donald Mackay）によって帆装を「シップ型（全てのマストが横帆の帆船：Full rigged ship の略）」の横帆に改められた。

　一般に世界最初のクリッパーと呼ばれるのは、1833年にボルティモアで建造されたアン・マッキム号（Ann McKim）494トンとされている。も

図20　初期ボルティモア・クリッパーの例

出典：David R. MacGregor, *Fast Sailing Ship*, Naval Institute Press, 1973, p. 87.

っともこの帆船は、ボルティモア・クリッパーに近い設計思想であったた
め、本当のクリッパーの第一船は、1839年にスコットランドのアバディー
ン（Aberdeen）で建造された、図21に示すスコティッシュ・メイド号
（Scottish Maid）142トン[4]や、1849年にニューヨークで建造されたレイン
ボウ号（Rainbow）757トンであるとの説もある。これらの帆船の最初の
活躍の機会は、1848年にカルフォルニアで発見された金鉱によるゴール
ド・ラッシュであった。まだ鉄道が西海岸まで延長されておらず、西海岸
への最速ルートは、帆船によらざるを得なかった。このため、クリッパー
は、南アメリカ大陸のホーン岬周りの航路に次々と投入された。これらの
クリッパーは、ヤンキー・クリッパーとも、カルフォルニア・クリッパー
とも呼ばれた。

　これらクリッパーの代表的な造船技術者として、前出のドナルド・マッ
ケイが挙げられる。彼は、図22に示す、ニューヨーク～サンフランシス
コ間を89日で走破したアメリカン・クリッパーの最高傑作、フライン
グ・クラウド号（Flying Cloud）1,782トンの他多数の帆船を建造してい
る。彼が建造したクリッパーは、風に恵まれれば最高20ノットを出せる
性能を有し、従来の帆船の常識を超えるものであった。

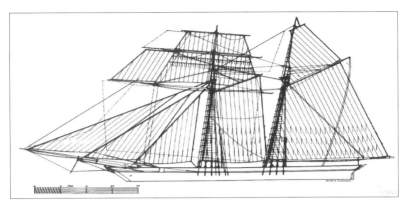

図21　スコティッシュ・メイド号

出典：David R. MacGregor, *Fast Sailing Ship*, Naval Institute Press, 1973, p. 102

図22　フライング・クラウド号

出典：杉浦昭典『帆船―その艤装と航海―』舵社、昭和55年、9頁。

　このように、積載量より速度がより重要視されるようになり、1843年から、いわゆる「クリッパーの時代」と称されるクリッパーの建造ブームが始まった。このアメリカにおけるクリッパーの建造は1853年に最高点に達し、この年に48隻のクリッパーがカルフォルニア船隊に加えられている[5]。

また、1853 年にはカルフォルニアとの貿易目的以外のクリッパー、グ
レート・レパブリック号（Great Republic）と郵便輸送帆船として有名なド
レッドノート号（Dreadnought：戦艦ドレッドノートとは無関係）がマッケ
イによって建造されている。グレート・レパブリック号は、かつて建造さ
れたことがない極端に大きなクリッパーであった。登録簿上 4,555 トンで
船長 335 フィート、船幅 53 フィート、喫水 38 フィートという巨大船であ
った。そして、ポンプの作動やヤードを揚げるために 15 馬力の機関を甲
板上に装備していた。これらの目的のために機関を装備した最初の帆船で
もあった。マッケイは、この船をオーストラリア貿易に投入し、イギリス
のクリッパーと競争させる予定であった。ところが、グレート・レパブリ
ック号の処女航海の準備が整った 1853 年 12 月 26 日の夜半、岸壁近くで
起こった火災によって同船も類焼被害を受け、1 年間をかけて修復・再建
された。トン数は 3,357 トンと小さくはなったが、依然として当時最大の
クリッパーであった。一方、ドレッドノート号は、1855 年 5 月にニュー
ヨークからリバプール（東航）を 15 日と 12 時間で航海し、また、1854 年
にはリバプールからニューヨーク（西航）を 19 日で航海している。しか
し、米国におけるこれら巨大クリッパーは、1854 年以降は建造されず
1,000 トン以下の中型クリッパーの建造に回帰している[6]。

3.2.2　アメリカのクリッパーによる中国茶交易への参入

　航海条例が撤廃されて最初に中国茶を英国に輸送したのは、アメリカの
クリッパー、オリエンタル号（Oriental）1,003 トンであった。オリエンタ
ル号は、1849 年にヤコブ・ベル（Jacob Bell）によって A. A. Low &
Brother 造船所で建造され、船長 185 フィート、船幅 36 フィート、喫水
21 フィートのクリッパーであった。処女航海でニューヨークから香港ま
で 109 日で走破し、香港で中国茶を満載しニューヨークに 81 日で到着し
ている。また、1850 年の 2 回目の航海では、ニューヨークから香港まで
を 81 日で走破している。同時に同船は Russell & Co. を通してチャータ
ーされ、ロンドンへの中国茶 1,600 トンの輸送をトン当たり（40 ft³）6 ポ

ンドで傭船契約し、香港からロンドンまで97日という短日数で走破し、イギリスの造船業と海運業に衝撃を与えた[7]。中国茶は香りに価値があり、輸送のスピード化は必須要件であり、その後も、中国茶の輸送はアメリカのクリッパーとの傭船契約によって行われ、イギリス船による中国茶の輸送のみならず、東洋との貿易もアメリカが担うこととなった。

3.3 木鉄交造船の登場

　アメリカのクリッパーによる、イギリスの海上貿易覇権への挑戦に対して、イギリスの造船業界がどのような対抗処置を取っていたのかをみてみる。

3.3.1 英国の帆船建造技術の停滞

　アメリカの帆船が、スピード重視の進歩した造船技術に基づいて建造された新式の帆船であったのに対して、当時のイギリスの帆船は、スピードを全く無視した旧式の老朽帆船であった。そのため、北大西洋航路における郵便物・旅客・高級貨物の輸送はアメリカ船が独占していた[8]。

　一方、イギリスは、航海条例によって海外貿易が保護されていたことと、トン税測定法に従った建造方法の足枷もあり、帆船建造技術の改善努力を怠っていたにもかかわらず、19世紀始めのイギリスの海運業は世界の海を独占していた。この強い地位は他国の海運業の弱体によるものと、航海条例の庇護のもとで真にイギリスに脅威を与える国がなかったことによる。このためイギリスの造船業界及び船主は、長い間帆船の改善を必要とするような刺激が全くなく、18世紀の標準的貿易船の大きさを少し大きくする程度の改善に留まっていた[9]。また、イギリスにおけるトン税測定法は、船舶への課税を船の長さと幅だけで計算されたトン数にかけられていた。このため船主は、支払う税金を軽減するために喫水の深い、細長くて、底の広い船の建造を要求した。この種の船は多量の物資を輸送することはできるが、速力が遅く不格好で不安定な扱いにくい船となった[10]。このような状況における、1849年の航海条例の全廃は、イギリスの外地

における市場を世界に開放し、アメリカがその豊富な木材を背景に大量の木製帆船を建造し世界に進出した。その一隻オリエンタル号による前述の快挙は、イギリスの海運業界と造船業界に非常な脅威となって現れた。

　イギリスにおいても、帆船の造船設計を阻害していたトン税測定法が、1836年に新しい測定法に改定されたことを受けて、オリエンタル号に対抗できるイギリス帆船建造の模索がはじまった[11]。この法律改定以前に、すでにアバディーン・クリッパー（Aberdeen Clipper）と呼ばれていた、スコットランドのアバディーンで建造された「スクーナー型」（後には航洋用にシップ型も建造された）帆船があった。このアバディーン・クリッパーは、オリエンタル号の快挙より前の1841年に、アバディーンの造船家アレキサンダー・ホールが考案したもので、船首部の水切りをよくするとともに、旧式のまるまるとした船首の代わりに、図23に示すような船首を長く鋭いもの（アバディーン型船首）に変えたもので、甲板の長さがキールの長さよりかなり長い船であった。ホールが、この設計に基づいて造った最初の船、スコティッシュ・メイド号（Scotish Maid）142トン（図21参照）が、アバディーン～ロンドン間を49時間で航海し、速いことで注目を浴びた[12]。こうして1839年から1849年までの間に、ホールの会社は平均約600総トンのクリッパーを42隻（クリッパー以外を含めると53隻）建造している[13]。その中のシップ型の一隻、レインディーア号（Reindeer）328総トンは、1850年に、広東から110日で帰港し、年内に新茶を積んでイギリスに帰港した最初のイギリス船となった[14]。

　アメリカ船との競争に打ち勝とうとするイギリス船主もいた。その中の1人、著名な船主で慈善家であったリチャード・グリーン（Richard Green）は「イギリス船主は、アメリカ船主と堂々と四つ身相撲を取り組むべき段階に達しており、アメリカを打ち負かすであろう」[15]と述べている。しかし、このような大きさの船では、大型のアメリカのクリッパーと競争すると遅れがちであったため、従来よりも優秀な船型をもつ1,000総トン型の船を堅固な木材で造り始め、1853年には、ケアン・ゴーム号（Cairngorm）938トン（登録簿上1,250トン）が建造された。この船は細長

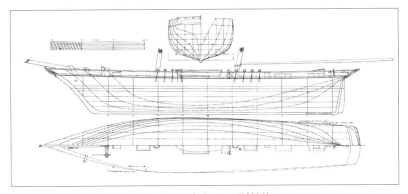

図 23　アバディーン型船首

出典：David R. MacGregor, *Fast Sailing Ship, Their Design and Construction, 1775–1875*, Naval Institute Press, 1973, p. 100

い船体を有し、米国のクリッパーに対抗できる船との評判であった。本船は 1853 年の処女航海で、上海からイギリスへ 110 日を切って帰港し、同年における上海からの航海日数の最速記録を作っている[16]。

　また、イギリス海軍は、米英戦争中にアメリカの私掠船として活動していたボルティモア・クリッパー型の一隻プリンス・ド・ヌシャル号（Prince de Neuchâtel）を捕獲し、乾ドックに曳航して速度の秘密を探っている。イギリス海軍の艇長であったウィリアム・クリフトン（William Clifton）は、退役後、東インド会社船の船長となり、その設計図を参考に東インド会社に建造を提案した。この提案に基づき、東インド会社は 1829 年にレッド・ローバー号（Red Rover）の建造を発注している。この船は、ボルティモア・クリッパー型船体に海軍好みのバーク型の帆を組合せた 225 トンの帆船であった。このレッド・ローバー号はガンジス川支流のフーグリー川の停泊地からシンガポールまでわずか 16 日で航海している。この種のクリッパーの建造費は高額であったが、航海速度の速さで一年以内に建造費を全額回収できたと言われている[17]。

　一方、ウィリアム・クリフトンが入手したプリンス・ド・ヌシャル号の設計図は、イギリス本国の造船家にはもたらされなかったようで、1850

年のアメリカのブラック・ボール・ライン（Brack Ball Line）社のオリエンタル号の偉業に驚いていることでも想像できる。もし、この設計図がイギリスの造船家に渡っておれば、イギリスも、より早い時期にアメリカのクリッパーに準じた船の建造を始めていたかもしれない。そして、インドで建造されたこれらのクリッパーは、インド産アヘンの中国への輸送船（オピュウム・クリッパー：Opium Clipper）として活躍した。

3.3.2　木鉄交造船の建造

　イギリス製クリッパーは、当初農産物の輸送と郵便輸送に使用されていた。アメリカ製クリッパーとの相違は、使用した造船用木材の種類と、それに関連した船体の寿命と大きさであった。

　アメリカ製クリッパーの船材が、軟質材の針葉樹が使用されていたのに対して、イギリス製クリッパーは、高価な輸入材である硬質材のチーク材が多用されていた。この使用木材の相違は、帆船の寿命に影響を与え、軟質材のアメリカ製クリッパーは水漏れが早くから生じ、従って寿命も短かった。一方硬質材で建造されていたイギリス製クリッパーは、堅牢で水漏れも少なく寿命も長かった。

　船体の大きさにおいては、イギリス製クリッパーは、そのほとんどが900トン以下で、アメリカ製クリッパーの殆どが1,000トン前後であったのに比較して小型であった。このため、強い風には十分抵抗し得なかったが、東方海域の弱くて変化しやすい気流条件のもとで、如何なる風向に対しても有効に利用できるよう巧妙に建造されており、アメリカ製クリッパーに比較し、速度の面では同等程度以上の性能を有していた。しかしながら、船体の大きさで劣っていたイギリス製クリッパーは、中国茶貿易においても輸送量でアメリカに後れを取っていた。このため、イギリスの船主は、より大型で速度の速いクリッパーの建造を要求した。

　蒸気船が大型化可能な鉄製に変化し始めた頃、帆船にも一時期鉄製船体の帆船が建造されていた。イギリスで唯一、中国茶貿易に参加した鉄製クリッパーとして、1853年にグリーノック（Greenock）のジョン・スコッ

ト造船所（Jhon Scott & Co.）で建造されたロード・オブ・アイル号（Lord of the Isle：登録簿上 770 トン）がある。この船は、1855 年に強い北東モンスーンに助けられ、上海からロンドンに 87 日で到着している。積荷の茶は湿気を帯びていたが、何よりも船足が速かった。ところが、鉄が茶の香りに悪影響を及ぼし、また湿気をおびるという理由で、中国茶輸送用のクリッパーとしての鉄製帆船は継続して建造されなかった[18]。

　帆船、蒸気船ともに鉄製船体の普及は緩やかであった。その要因として、鉄製船体を構成する鉄板の圧延加工の難しさ、フレームに合わせた曲げ加工やリベットによる取り付けも難しく熟練を要したこと、及び鉄製船体は、船足を低下させる船底への海洋生物の付着を防止する銅板被覆が難しいことが挙げられる。これら問題の解決のために、イギリスで導入されたのが、造船部材に鉄材を使用し、船体強度の向上と木材不足の対策を図りつつ大型化が可能な木鉄交造船（composite ship）であった。加えて、木鉄交造船の船底及び外板は木材であり、銅板被覆が容易であったことも選択の理由の一つであった。

　木造の梁（beam）や肋材（frame）は非常に重いだけでなく、輸送容積を減少させ、船の大きさを制限していた[19]。造船部材に鉄材を本格的に使用することは、1839 年にイギリスのダブリンのウィリアム・ワトソン（Willam Watson）によって発明された「木鉄交造船」技術の採用からであった。造船部材としての鉄材の使用は、古くは側板や梁等の固定に使われた釘や鎹に始まるが、ワトソンの発明した木鉄交造船は、船の強度部材にも鉄材を使用したことで画期的であった[20]。この方法は、18 世紀末にガブリエル・スノドグラスが提案し、船体強度の向上策として、一時的に採用された鉄材の使用方法によく似ている（図 14 参照）。しかし、スノドグラスのこの方法は、荒天時に船体を損傷させる事故が発生し、継続的には採用されず、また、スノドグラスは、この方法を特許として出願していない[21]。

　木鉄交造船技術は、図 24 に示すように、船体を構成するキール、船首・尾材、と外板と甲板は木材を使用し、フレーム（梁）、ピラー（梁柱）、

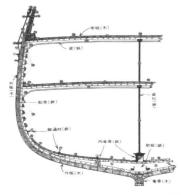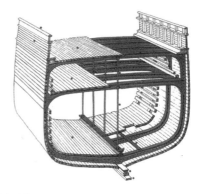

図 24　木鉄交造船の構造

出典：左図：上野喜一郎『船の世界史・上巻』舵社、1980 年、290 頁。
　　　右図：今井科学㈱監修『帆船 Guide Book』海文堂、1980 年、13 頁。

縦通材等の強度部材に鉄材を使用するもので、イギリス独自の技術で設
計・建造され、甲板は勾配も小さく、運用しやすいように障害物の少ない
上甲板を有した美しい船型で、鉄材を使用することによって従来の木造船
より船体強度が向上し、鉄材の場合は、同じ強度の木材より細くてすみ、
船体を軽く造ることができるとともに、それだけ載貨容積の増加も可能と
なった。

　最初の木鉄交造船は、1851 年にリバプールのジョン・ジョルダン
（John Jordan）によって建造されたチューバル・ケイン号（Tubal Cain）
787 トンであった[22]。そして、1850 年中頃からヨーロッパと東洋を結ぶク
リッパーにこの方式が用いられ、新茶の輸送のために何よりも速度を優先
する、中国茶貿易に使用されたティー・クリッパーにも採用された。1859
年から 1869 年の 10 年間にイギリスで建造された中国茶貿易に従事したテ
ィー・クリッパーは、表 30 に示すように 27 隻建造され、そのうちの 20
隻が木鉄交造船で、有名な 1863 年建造のテーピング号（Taeping）や
1869 年建造のカティー・サーク号（Cutty Sark）も外板が木で骨組みが鉄
の木鉄交造船であった。

表30　英国で建造されたティー・クリッパー

船　　名	トン数	材　質	建造年	船　　名	トン数	材　質	建造年
Falcon	937	木　材	1859	Taitsing	815	木鉄交造	1865
Isle of the South	821	木　材	1859	Titania	879	木鉄交造	1866
Fiery Cross	888	木　材	1860	Spindrift	899	木鉄交造	1867
Min	629	木　材	1861	Forward Ho	943	木鉄交造	1867
Kelso	556	木　材	1861	Leander	883	木鉄交造	1867
Belted Will	812	木　材	1863	Lahloo	779	木鉄交造	1867
Serica	708	木　材	1863	Thermopylae	947	木鉄交造	1868
Taeping	767	木鉄交造	1863	Windhover	847	木鉄交造	1868
Eliza Shaw	696	木鉄交造	1863	Cutty Sark	921	木鉄交造	1869
Yang-tze	688	木鉄交造	1863	Caliph	914	木鉄交造	1869
Black Prince	750	木鉄交造	1863	Wylo	799	木鉄交造	1869
Ariel	853	木鉄交造	1865	Kaisow	795	木鉄交造	1869
Ada	686	木鉄交造	1865	Lothair	794	木鉄交造	1869
Sir Launcelot	886	木鉄交造	1865	—	—	—	—

出典：Arthur H. Clark, *The Clipper Ship Era 1843-1869*, G. P. Putnam's Sons, 1910, pp. 371-372. より作成

　ティー・クリッパーへの木鉄交造船技術の採用によって、速度と大型化の両方を獲得したイギリスのクリッパーは、おそらく概念として最も完全な形に到達した帆船と考えられている。このティー・クリッパーによる中国新茶の輸送日数の競争は有名な「ティー・レース」として歴史に残っており、その後、木鉄交造の帆船の活躍によって、一時期、アメリカに奪われていた東洋貿易の覇権を、再びイギリスがとり戻した。

　ところが、木鉄交造船の時代は意外に短く、1870年以降、イギリスにおいては商船としての木鉄交造船の建造は希になった。しかし、アメリカでは建造が続けられており、イギリス海軍でも中国やアフリカ沿岸の河川用に木鉄交造のスループや砲艦を建造し、長い間哨戒任務に従事させていた[23]。また、木鉄交造のティー・クリッパーは、その後ウール・クリッパーとして転活用されて運航されており、それらの補修や維持整備の必要性

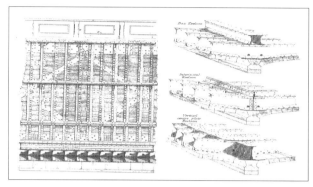

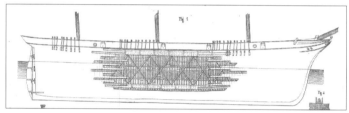

図 25　ロイド構造規則書に示された木鉄交造船図

出典：*Lloyd's Register of British & Foreign Shipping, Rules for Wood & Composite Ships, 1897*, The Society's Printing House, 1897.

から、1864 年にロイド船級協会のロンドン駐在検査官であったバーナード・ウェイマウス（Bernard Waymouth）によって、木鉄交造船構造規則が制定されている[24]。図 25 は、この構造規則に示されている木鉄交造船の構造要領図の一部で、キールやフレーム等の取り付け要領が示されている。

3.4　造船部材の変遷

　19 世紀前半期までの造船部材は、殆ど木材であったが、ヘンリー・コートのパドル圧延法の発明によって、安価な鉄材が入手できるようになり、鉄材が造船部材として使用されるようになった。その後、ジーメンス・マルタン法[25] によって安価な鋼材が入手できるようになり、鉄から

鋼へ移行していった。これら鉄材、鋼材の使用は、帆船より蒸気船の方が進んでいた。

3.4.1 船体材料の変遷

　船体に使用する材料によって、強度及び比重の関係から船体容積の増加が可能であることはよく知られていた。その一例として、木材の種類と鉄材の場合を表31に示す。この表から、軟質材の樅（fir）に比べ硬質材の樫（oak）を使用した方が容積の増加が図れること、また、木材に比べ鉄材を使用することによって更に増加が可能であることが分かる。鉄製になることは、何よりも船の建造が大工の仕事から鉄工職人の仕事に代わることを意味していた。

表31　使用材料による容積量の増加率

船舶のトン数	樅材に対し樫材を使用した場合	樫材に対し鉄材を使用した場合	樅材に対し鉄材を使用した場合
1000	7.54%	14.0%	21.46%
500	6.8 %	16.0%	22.8 %
200	10.0 %	18.6%	28.6 %

出典：George Moorsom, *A Brief Review and Analyses of the Lows for the Admeasurement of Tonnage*, London, 1852, p. 78.（翻訳）

　また、造船用木材の不足が船体材料としての鉄の使用を促進したことも事実であるが、鉄の船体は海洋生物の付着による速度の低下を招くことが顕著であったために、帆船は船体材料に木材の使用を優先した。一方、自力航行できる蒸気船は前述の通り、機関の振動対策やボイラの放射熱腐食の防止等の対策として、帆船より早い時期から造船用材料として鉄材を使用し始めた。

　鉄材から鋼材への移行は1870年代から、主として蒸気船に一般的となり、その増加傾向は、表32に示す通りであり、帆船においても1880年代から増加傾向を示している。

表32　英国で 1875 年、1882 年、1895 年に建造された船舶の材料比較

| 年.月.日 | 鋼材（Steel） | | | | 鉄材（Iron） | | | | 木材（Wood） | | | |
| | 蒸気船 | | 帆船 | | 蒸気船 | | 帆船 | | 蒸気船 | | 帆船 | |
	隻数	トン数	隻数	トン数	隻数	トン数	隻数	トン数	隻数	トン数	隻数	トン数
1875.9.30	—	—	—	—	126	157,466	114	106,521	6	1,065	203	51,122
1882.6.30	89	159,751	11	16,800	555	929,921	70	120,250	6	460	49	4,635
1895.9.30	282	684,509	23	25,307	27	4,118	1	226	5	372	18	2,043

出典：R. J. Cornewall-Jones, *The British Mearchant Service Being A History of The British Mercantile Marine*, London Sampson Low, Marston & Company, 1898, p. 120.（翻訳）

3.4.2　帆船における鉄及び鋼材の使用

　鉄製帆船の出現は 1838 年頃と言われ、前述したとおり一時期、中国茶貿易船としても鉄製帆船が使用されていたが、鉄が茶に悪影響（後に問題ないことが判明）を与えるとして中国茶の輸送用としては使用されなかった。一方、1860 年代後半には移民の増加等もあり、イギリスのアバディーン、グラスゴー、リバプールなどの造船所で、オーストラリア航路向けの鉄製クリッパーが盛んに造られるようになった。そして、1870 年代には、木造や木鉄交造の帆船を建造するのは、木材が豊富なアメリカだけになってしまった[26]。また、図 26 に示すように、鉄板を張り替える補修は、木造船の補修作業に比べ容易で、かつ短期間で行うことが可能であったことも、鉄及び鋼材の船体材料への使用を普及させた。

　鉄製帆船は木造に比べて丈夫だということで、その船体は木造船より長くて細く、低乾舷（船長の中央部における、喫水から上甲板までの距離が短いことをいう）に造られた。初期の鉄製クリッパーでは、長さが幅の約 6.3 倍だったものが、1870 年代頃から 80 年代にかけては、約 6.6 倍になっている。1875 年アバディーンで建造された鉄製帆船サラミス号（Salamis）は、木鉄交造のサーモピレー号（Thermopylae）と同じ設計者であるが、同じ 11 m の幅に対して、長さはサーモピレー号の 67.4 m より 3 m も伸びている。総トン数もサーモピレー号の 947 トンに対して 1,130 トンと大きかった。この船は、ウール・クリッパーとしてロンドン～メルボルン間

図 26　鉄製帆船の補修状況

出典：David R. MacGregor, *Fast Sailing Ship, Their Design and Construction*, 1775-1875, Naval Institute Press, 1973, p. 133.

を平均日数往航 87 日、復航 77 日で航海したと言われている[27]。

　また、鉄製大型帆船では船体の重さを考慮して、船の上部の船体重量を軽減するために、中空鋼製マストやロア・ヤードが造られた[28]。1866 年に建造されたティー・クリッパーのティタニア号（Titania）が鋼製マストを装備したとの記録があるが、この鋼製マストは処女航海で変形事故を起こしている。原因は、中空鋼製マストの内部補強がなされていなかったためであった[29]。ところが、その後もマストの折損事故が相次いで起こり、1873 年と 74 年の 2 年間に 11 隻の帆船がマストを失い、しかもその内の 9 隻が処女航海であった。そこでロイド船級協会を中心に真剣に検討された結果、鋼製マストやヤードの大きさに関する標準寸法が示されるようになった[30]。

　1870 年代に良質の鋼板が安価に手に入るようになり、80 年代末には鉄船より鋼船が多くなっている。鋼製帆船は 3,000 トンが普通となり、90 年代には 5,000 トン以上の大きな横帆船も出現したが、大きくなりすぎて、速力より載貨容積の方が目立つようになった。一方で、少人数で運航でき

るように、できるだけ機械化しようと考えられていた。この主たる理由は、当時の蒸気船に対抗するためでもあった。1890年代の鋼製帆船は、それでも大洋航海中、それまでのクリッパーに比べ2ないし3ノット遅い程度の速力で航海できた。トップマストとロアマストは一体化されて、操帆作業を楽にするため、ダブル・トップスルやダブル・トップ・ゲルンスルも多くなった。また、索具においても植物性のロープから、半永久的なワイヤ・ロープが採用され、動索用ウィンチも設けられ、帆船船主は、更なる重量軽減と運賃の低減に努めた。

3.4.3　蒸気船における鉄及び鋼材の使用

　蒸気船は、前述したとおり船体材料への鉄の使用が早くから行われた。また、スクリュー・プロペラの装備による後方水流は、船尾が構造上弱い木造船ではこれに耐えることができず、鉄への変更が必要であった[31]。しかし、当時、その建造設計に鉄の強度を有効に活用したかというと、鉄造船の設計は木造船の設計に沿ったもので、横軸の肋材（フレーム）をふんだんに用いて設計され、肋材の間隔を広げたりする等の鉄板そのものの強度を用いた設計はされず、鉄の強度そのものが、まだ十分認識されていなかった。それゆえ、鉄造船の発達は、造船工よりもボイラー・メイカーの経験に負うところが多かった[32]。

　鉄材に代わる次の造船材料としての鋼材について、1867年にロイド船級協会も、船体の材料として鋼材の使用を許可しており、鉄製船体に指示している鉄板や肋材、その他に使用されている鉄材の1/4の厚さで鋼材を使用することを認めている。但し、鋼材の引張強さ（tensile strain）は $30\,\mathrm{t/in^2}$（1平方インチあたり30トン）以上であることを同時に要求している[33]。それ以降、造船材料として鋼材が注目され、製鋼業は大いに盛んになったが、鋼材そのものの価格が鉄材の2倍以上であったために、当初は一般商船には余り用いられなかった。その後、鋼材の製造方法の進歩とともに価格も鉄材並みになったことから、急速に鋼製船体が普及した。そして、1877年に、初めてロイド船級協会に鋼船が登録されている。しかし、

局部的材料として、場所によっては鋼材より鉄材の方が適当な場所もあった。例えば、汽缶（ボイラ）の下にあたる二重底などの材料には、腐食が少ない鉄材が用いられていた[34]。その後、表33に示すように、ロイド船級協会の検査を受けた鋼船の建造トン数は急激に増加している。また、表34に示すように、船体材料の年度別使用比率からも、鋼船の急速な増加

表33　ロイド船級協会が検査した鋼製船体トン数

年度	鋼製帆船	鋼製蒸気船	合計トン数
1880	1,342 トン	34,031 トン	35,373
1881	3,167	39,240	42,407
1882	12,477	113,364	125,841
1883	15,703	150,725	166,428

出典：The Chairman and Committee of Lloyd's Register of British & Foreign Shipping, *Annals of Lloyd's Register*, 1834-1884, Wyman and Sons, 1884, p. 123. （翻訳）

表34　船体材料の年度別使用比率

年度	木船及び木鉄交造船	鉄船	鋼船
1860	61.5%	38.5%	0 ％
1865	30.6	69.4	0
1870	16.4	83.6	0
1875	10.1	89.9	0
1880	3.7	89.3	7.0
1885	4.0	60.0	36.0
1890	0.9	4.8	94.3
1895	1.2	1.3	97.5
1900	1.1	1.5	97.4
1905	0.8	0	99.2
1910	1.6	0.6	97.8
1915	0.7	1.2	98.1

出典：上野喜一郎『船の世界史・中巻』舵社、1980年、12頁。

傾向が読み取れる。

第 3 章の注

1) Richard Tames, *The Transport Revolution in the 19th Century, 3 Shipping*,
   Oxford University Press, 1971, pp. 5-6; Adam W. Kirkaldy, *British Shipping*,
   Kegan Paul, Trench Trübner & Co., Ltd. 1914, pp. 49-50：実際に蒸気力のみによ
   り航走したのは 6 回で、その合計は 80 時間くらいにすぎなかった（上野喜一郎
   『船の歴史』第 3 巻 近代編（推進）』天然社、1958 年、102 頁）。

2) R. H. Thornton, *British Shipping*, Cambridge at The University Press, 1939, p.
   19：また、ロルト（L. T. C. Rolt）によると「サヴァンナ号の成功から 15 年間の
   間になされた同様の航海は数多いが、それらにしても、広く信じられている俗説
   ——蒸気機関を駆動させて大洋横断を図るのは不可能。それというのも、そんな
   長い航海に必要なだけの石炭を載せられないからだ——を覆すようなことは何一
   つしていない。よって、大洋を横断するのは不可能だと信じられてきた」(L. T.
   C. Rolt 高島平吾訳『ヴィクトリアン・エンジニアリング』鹿島出版会、1989 年、
   103 頁）とのことである。

3) クリッパーとは「疾走するもの」という意味で、波をかすめて飛ぶように走る船
   を表す言葉である。はじめクリッパーと呼ばれたのは、1812 年の米英戦争の頃の
   私掠船や海賊船、不法の奴隷船、支那のアヘン密輸船などで、どれも軍艦を出し
   抜く高速力を目的としたものだった。（堀元美『帆船時代のアメリカ 下巻』原書
   房、1982 年、80 頁。）

4) Boyd Cable, "The World's Fast Cripper", *The Mariner's Mirror*, 1943, vol. 29, p.
   68.

5) Arther H. Clark, *The Clipper Ship Era: An Epitome of Famous American and
   British Clipper Ships, Their Owners, Builders, Commanders and Crews 1843-
   1869*, G. P. Putnam's Sons, 1910, p. 232.

6) *Ibid.*, pp. 235-250.

7) *Ibid.*, pp. 96-98.；C. E. Fayle, *A Short History of the World's Shipping Industry*,
   George Allen & Uuwin Ltd., 1933, p. 235.

8) 山田浩之「海運業における交通革命」、『交通学研究— 1958 年研究年報—』日本交
   通学会、1958 年、255 頁。

9) Richard Tames, *op. cit.*, p. 1.

10) C. E. Fayle, *op. cit.*, p. 231.

11) *Ibid.*, pp. 235-236.

12) David R. MacGregor, *Fast Sailing Ship, Their Design and Construction, 1775-
   1875*, Naval Institute Press, 1973, p. 100.

13) *Ibid.*, pp. 107-109.

14) 上野喜一郎『船の世界史・上巻』舵社、1980 年、156 頁。

15) Fayle, *op. cit.*, p. 235.

16) 上野喜一郎『船の歴史 第 3 巻（推進編）』天然社、昭和 33 年、34 頁。

17) ウィリアム・バーンスタイン著（鬼沢忍訳）『華麗なる交易』日本経済新聞出版社、2010 年、367-368 頁。

18) Clark, *op. cit.*, pp. 208-210.：茶輸送に対する鉄の影響が払拭されてからは、中国茶貿易にも鉄製帆船が利用されている。

19) Kirkaldy, *op. cit.*, p. 31.

20) 庄司邦昭『船の歴史』河出書房新社、2010 年、60 頁。：船体構造部材への鉄材使用に関する特許は、1839 年の William Watson の特許（No. 8140, A.D. 1839, June 12.）の他に、1814 年の John Walter の特許（No. 3850, A.D. 1814, November 7.）も あ る；Commision of Patents, *Patent for Invention, Abridgments of the Specifications Relating to, Ship Building, Repairing Sheathing Launching, &c.*, London, George E. Eyre and William Spottiswoode, 1862. pp. 59-60, 106-107.

21) John Fincham, Esq., *A History of Naval Architecture*, London: Whittaker and Co., 1851, p. 114.

22) 上野喜一郎『船の世界史・上巻』舵社、1980 年、289 頁。

23) Samuel J. P. Thearle, *Naval Architecture*, William Collins, Sons, & Company, 1876, p. 363.

24) The Charirman and Commitiee of Lloyd's Register of British & Foreign Shipping, *Annals of Lloyd's Register*, Wyman and Sons, 1884, p. 85.

25) 1856 年にカール・ウィルヘルム・ジーメンス（Karl Wilhelm Siemens）とフレデリック・ジーメンス（Friedrich Siemens）のジーメンス兄弟により炉（平炉）の構造が発明され、ピエール・マルタン（Pierre Martin）とエミール・マルタン（Emile Martin）のマルタン父子により製鋼法が確立されたことから、平炉による製鋼法をジーメンス・マルタン法と呼ばれている。なお、製鋼法としてジーメンス兄弟は銑鉄を、マルタン父子は銑鉄に多量の屑鉄を加えたものを原料とし、相違はほとんどない。

26) この理由の一つには、英国に比べて米国における製鉄業の遅れも挙げられる。

27) 杉浦昭典『帆船史話』天然社、1978 年、297 頁。

28) 鋼製マストについては、1863 年に Seaforth 号が最初に装備した記録があり、しばらくしてティー・クリッパーへの普及が記録されている；Arthur H. Clark, *op. cit.*, pp. 322-323.

29) Mast particulars from Loyd's Regster survey report, 1866；杉浦昭典『帆船史話』天然社、1978 年、297 頁。

30) 当時マストに利用された鋼の強度試験は、製造会社である製鋼会社では行われず、建造所で行われていた（David R. MacGregor, *Fast Sailing Ships*, Naval Institute Press, 1910, p. 238.）。鋼製マストやヤードに関する標準寸法が示されるようになった時期については特定できなかったが、Lloyd's の 1897 年度版の構造規則の当該頁には 1893 年更新（Rev.）との記述があるところを見れば、1893 年以前には

既に制定されていたものと推定できる。

31) 横井勝彦『アジアの海の大英帝国』同文館出版、昭和 63 年、24 頁。

32) L. T. C. Rolt（高島平吾訳）『ヴィクトリアン・エンジニアリング』鹿島出版会、1989 年、102 頁。

33) The Chairman and Committee of Lloyd's Register of British & Foreign Shipping, *op. cit.*, p. 119.；最終的に鋼の厚さは対応する鉄の厚さの 4/5 に落ち着いた。これは鉄の厚さ測定単位が 1/16 インチであったのに対し、鋼の厚さ測定単位が 1/20 インチであったことによる。（A. M. ロップ（鈴木高明訳）「造船」、チャールズ・シンガー『技術の歴史 第 9 巻 鉄鋼の時代／上』第 16 章 筑摩書房、1979 年、290 頁。）

34) 上野喜一郎『船の世界史・中巻』舵社、1980 年、11 頁。

注）私掠船：拿捕認可状により公的権力の認可を受けた民間人（私掠者）による合法的な掠奪行為を行う船舶である。これは原則として戦時のみにゆるされており、その対象は敵国、及び一部の中立国の船舶に限定されていた。海賊船との相違は、海賊行為が公的権力の許可を受けない、或いは公的権力が許した範囲を逸脱して行われる非合法な海上での、或いは海から行われる掠奪行為であるという点である。

第4章
帆船の優位を継続させた他の要因

　木鉄交造船の技術をクリッパーにも導入することによって、物資輸送船としての帆船の優位は維持されたが、蒸気船の進歩は、常に帆船のこの地位を脅かすものであった。ここでは、帆船の優位を継続的に維持させた他の要因について考察するとともに、イギリスの造船業を停滞させたといわれる「トン税測定法」と「航海条例」の問題点、及び「郵便補助金政策」について考察する。

4.1　省人化の推進による運賃の低減

　蒸気船という競争相手の登場によって、物資輸送が蒸気船に奪われることに脅威を感じた帆船の船主は、運賃の低減によって対抗すべく乗組員が少なくても運航可能な仕組みを求めるようになった。

　帆船で最も時間と労力のかかる作業は縮帆であった。これには、強風の中でも船を安全に操船できるように帆の面積を小さくすることも含まれるが、手間のかからない縮帆法が色々と試された。1850 年にヘンリー・カニンガム（Henry Cunningham）が特許を取得した図 27 のような、帆にロープをつけて、それを引くことで、ちょうど窓のブラインドのように帆を畳む方法（カニンガムズ・システム：Cunningham's System；現在の航洋競争ヨットにも使用されている）が考案され、この方法は、大人 1 人（大人とは専門船員）と子供 1 人（子供とは船員見習）で操作でき、2.1 秒という短時間で縮帆が可能であったといわれている[1]。このシステムは、1851 年に蒸気船イベリア号（Iberia）に最初に装備され、その後帆船にも流用されるようになった。

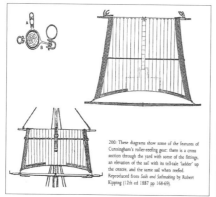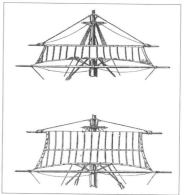

図27　カニンガムズ・システム

出典：David R. MacGregor, *Fast Sailing Ship, Their Design and Construction, 1775-1875*, Naval Institute Press, 1973, pp. 148-9.

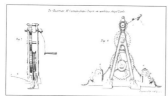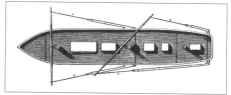

図28　鉄製歯車を使用した人力巻揚機及びヤードのシフト

出典：David R. MacGregor, *Fast Sailing Ship, Their Design and Construction, 1775-1875*, Naval Institute Press, 1973, p. 151.

　もう一つの骨の折れる作業は、風向きの僅かな変化も逃がさずヤード（帆桁）の方向をシフトすることであった。これまでは多くの滑車によって操作されていた方法を、図28に示すような鉄製歯車機構による人力巻揚機（manual winch）が考案され、これを使用することによって、作業が従来に比べて楽に、且つ効率的に行えるようになった。この人力巻揚機は、1860年代中頃からティー・クリッパーにも一般装備されるようになった。また、図29に示すような小型の蒸気動力を利用した蒸気動力揚錨機や積荷の揚げ降ろし用の蒸気動力ウィンチといった機械も装備され、省

揚錨機用　　　　　　　　　　　積荷用

図 29　蒸気動力ウィンチ

出典：左図：W. S. Lindsay, *History of Merchant Shipping and Ancient Commerce*, Vol.
　　　　　IV, 1876, p. 234.
　　　右図：Charles Desmond, *Wood Ship-Building*, The Rudder Publishing Company,
　　　　　1919, p. 161.

人化に加え効率化と安全性の向上が図られた。これらの蒸気動力を使用し
た機械類の導入は、木鉄交造によって船体強度が向上し、甲板上に重量物
の艤装が可能となった1860年代中頃であった[2]。これら機械類を作動さ
せる蒸気は、甲板中央部の厨房を兼ねた部屋に装備された補助ボイラで造
られ各機械に送られた。1865年に建造されたティー・クリッパー、アリ
エール号（Ariel）や、それ以降の木鉄交造のティー・クリッパーにも装備
された。そして、スエズ運河の開通後における帆船の新しい活躍の場であ
った、給炭基地への石炭輸送を担った多くの帆船（coal bunker）にも装備
され、運賃の低減に効果があった。

4.2　船底への銅板被覆技術と電食の防止

　木船は鉄船や鋼船のように錆びることはないが、海中生物の船底付着
で、特に穿孔虫類（俗称：船食虫）による船材の損害だけはどうにもなら
なかった。また船底外板に付着する海洋生物は、木船、鉄船の別なく外洋
を航行する船舶の航海速度を減殺する大きな原因であった。
　今日のように、船底塗料の開発が進んでいなかった当時は、良好に建造
された木造帆船も、船底にフジツボやその他の海洋生物の付着による船足

（速度）の低下や、穿孔虫による腐食等があり、船の寿命を短くしていた。これらに対する対策は18世紀初めから色々と試みられていた。

　骨組みの上に外板が張られ、コーキング（caulking：槇隙）が終わると、水面下の船底部分を外部から被覆する作業が行われた。これは船食虫から船底を守るためのものであった[3]。この方法として、ポーツマス海軍工廠のコーキング工長のリー（Mr. Lee：名不詳）は、船食虫対策としてピッチ、タール、硫黄の合成物の塗布が効果的であることを見つけ、1737年にポーツマスにおいて、この合成物を塗布し、2年後の状態を確認したところ塗布したものは船食虫の被害はなかったが、他のものは深さの差はあるが、全て被害が認められた。この経験から、リーの合成物が一般的に使用されるようになった。しかし、この方法も、有効期間の計算や、船食虫には有効であったが海草やフジツボ類の付着及び、その成長を妨げる効果はなかった。このため、船底保護の他の方法が必要であった。特に海水温度が高い暖水海域を航海する西インドや東インド航路の船にとっては、緊急な問題であった。1761年10月18日に開かれた海軍委員会で、この問題の対策が海軍省に報告されている。同報告書で、1758年に西インド艦隊所属の砲32門装備のフリゲート艦アラーム号（Alarm）の船底に縦50cm、横120cm程度の銅板を煉瓦を積むように重ねて覆った結果、海藻の付着は避けられなかったが、船食虫の被害もフジツボやその他の船底汚損物の形成を防ぐことができ、薄い銅板被覆の有効性が報告されている[4]。ところが、銅板被覆を促した数年後の検査で、銅板に接する鉄釘の頭が全部錆で喪失し釘が脱落、補助キールも脱落し、鉄製固定金具を持つ舵板も落ちそうになっていた。そこで、釘と固定金具を銅に換え、鉄釘の表面をピッチとタールを含んだ帆布や薄い鉛板で覆う等の処置によって、銅と鉄の間におこる流電作用（詳細は後述）による鉄の腐食を防ぐことを行った[5]。そして、この銅板被覆はイギリス海軍ばかりでなく、貿易用帆船にも一般的に用いられるようになった。1769年に船底の銅板被覆は、帆走軍艦オーロラ号（Aurora）とスタグ号（Stag）にも施された。約4年後にスタグ号の船底を注意深く検査した結果、銅板被覆は、一部で薄くは

なっていたもののまだ十分機能していることが確認された。そして、ボルトや釘はある程度酸化（錆）が進み、船材の表面を腐食させたが、それ以上内部には腐食は進んでいないことが確認された。この 4 年間の経験結果から、イギリス海軍の艦船に対する銅板による被覆は急速に進み、被覆範囲も拡張された。一方で、この被覆方式が一般化すると同時に、被覆後の検査も綿密に行われ、船底部の鉄製ボルト（釘）の腐食が 3〜4 年で急速に進む事が判明し、鉄と銅との接触を防ぐ別の材質の緩衝材が考えられるようになった。船底部の取付けの損害という重大性から、海軍委員会は 1783 年頃に全ての待機中の船への銅板被覆の中断も真剣に検討し始めた。海上勤務に就く前の待機中の船への銅板の船底被覆について早急に判断しなければならなかった。造船技術者や、海軍工廠の技師に対して出された海軍委員会の書簡には、船底部の取付けには、混合金属（mixed metal）のボルトを使用するよう示されていた。1783 年 8 月に 44 門の砲を装備した艦船と、それ以下の艦船は混合金属製のボルトを使用することが指示されたが、同年 10 月には全ての船に銅ボルトの使用が義務付けられた。その当時、政府は王立協会に対して、船底の銅と鉄の間におけるこの現象に対する原因と、対策についての研究を依頼している。

　ハンフリー・デイビー卿（Sir Humphrey Davy）がこの現象の解明に携わり、進展があるたびに王立協会に報告された。継続的な研究の結果、19 世紀に入った 1823 年に、電気化学的腐食（電食：electro chemical corrosion）が主な原因であることを解明した。そして、鋳鉄（cast iron）が最も海水中における電食から銅を保護する効果があることを発見した。また、ポーツマスで解体される船体から剥がされた船底銅板は炉に入れられて溶かされた後、精製し再圧延されて再利用された[6]。1780 年頃に採用された銅板被覆法（銅包覆法ともいわれている）によって、帆船の耐用年数は大いに延長された[7]。1773 年頃には、船舶は 4 航海が終われば使いすてられていたが、銅板被覆が導入された 1790 年までには、3 航海が終わって適切に修理されるならば、6 航海できると考えられ、後には 8 航海も認められた[8]。船底への銅板被覆の要領は、図 30 に示す 2 種類の方法が行われた

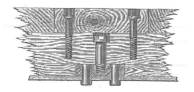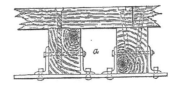

図30　銅板被覆要領

出典：Samuel J. P. Thearle, *Naval Architecture: A Treatise on Laying Off and Building Wood, Iron, and Composite Ships*, William Collins, Sons, & Company, 1876.（左図：p. 359、右図：p. 364.）

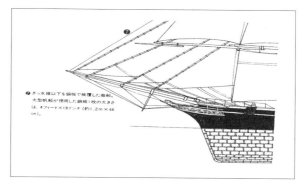

図31　船底部銅板被覆の様子

出典：今井科学㈱監修『帆船 Guide Book』海文堂、1980年、12頁。

が、いずれも銅板は電食防止処理された鉄のボルト（galvanized iron screw）で止められた。ボルト穴にはポルトランドセメント（Portland cement）とヘイ社製の接着剤（Hay's glue）を混ぜ合わせたもので満たされた。また、表面も耐水性のある Hay's glue を用いて、隙間を埋められた。

　このように、すでに18世紀には銅板被覆はかなりの程度進んでいたのである。図30の右図は、1865年の "Institute of Naval Architects" に掲載された船体重量の軽減を図った銅板の張り方であり、この方法は、Mr. M'Laine によって提案された方法で、彼の名を取って M'Laine's システムと呼ばれている。この銅板による船底被覆の他に、亜鉛板による被覆も行

われたが、船体重量が増加するために銅板の被覆が一般的となった[9]。図
31 は、船体部に 1 枚約 1.2 m × 46 cm の銅板が被覆された様子を示した
ものである。

　鉄製船体は利点も多くあったが、唯一船底への海洋生物の付着等による
船底の汚損があり、鉄製蒸気船も同様に船足が急速に低下し、ティー・ク
リッパーに代表される木鉄交造帆船に速度の面で太刀打ちできなかった。
このため、鉄製船体に木材を取り付け、その上に銅板を張り付ける方法も
行われた[10]。その後、船底塗料の進歩によって、鉄船への銅板被覆は行わ
れなくなった。このように、木鉄交造船による大型化に加え、船底への銅
板被覆は帆船の優位を継続させた要因でもあった。

4.3　海洋に関する科学的研究の進歩

　帆船による長距離貿易の優位性は、進歩した広範な海洋学の知識の結果
でもあった。二つのポイント（港）を最短距離の航路で航海できる蒸気船
と異なり、帆船の航路は季節風と海流によって左右されていた。18 世紀
のジェームズ・クック（James Cook）の航海は、水路測量研究の基盤を充
実させたが、最初の海洋学研究は、ジェームズ・レンネル（James Rennell）
少佐が多くの貿易船の乗員に対して行った海流と風に関する情報の収集で
あり、この情報を基にした海図が 1830 年に出版されている。

　その後、彼の研究を継承した海図・航海計器補給所の主任であった米海
軍のマシュウ・モーリー大尉は、海図庫に保管されていた膨大な蔵書を調
べるとともに、各艦の艦長・航海長に通知を出し、航海中の詳細な海流と
風についてのデータを報告させ、それを分析し『北大西洋風向・海流図
（Wind and Current Charts）』という本を発行した。この本を利用すること
によって大西洋横断航海日数を何週間も節約する効果があった。統計編集
された最初の海図が 1850 年に発刊されるまでは、大洋の海流、風、そし
て気象についての科学的かつ組織的な研究はなされていなかった。その後
も、モーリーは、同じ海域を航海した 1,000 隻を下らないアメリカ海軍と
商船、及び英国海軍の艦船や数百隻にのぼる商船並びに 200 隻のオランダ

国旗を掲げた船と 225 隻の商船、加えてフランス、スペイン、ポルトガル、イタリア、ベルギー、スウェーデン、ノルウェイ、ロシア、チリ、ブレーメン、ハンブルグの船舶の航跡記録を海図の上に書き留めることによって、違った時間、違った年に、そして全ての季節を通して、毎日あるいは毎時間に遭遇した風と海流に関する多くの帆船の経験を総合し、一般化することに成功した。彼のこの壮大な作業には、多くの科学者も協力していた。彼のこの作業は 1853 年に『海洋地文学（Physical Geography of the Sea)』として出版され、近代海洋学の初めての教科書であった。その後、各国の言葉に翻訳され 20 版を重ねている[11]。

　モーリーが発刊したこの図書は「船長にどのような特定の月、週でさえ、最適の航路を示す一連の兆候を提供することができ、この海図によって風と海流の特徴だけでなく、磁針に対する磁場の影響も観察できた。この海図の使用によって 1850 年代の初期、赤道までの航海日数を 10 日短くし、イギリスから喜望峰回りでオーストラリアまでの航海日数を通常約 125 日であったのを約 92 日に減らすことを可能にした。そして、蒸気船がスエズ運河を経由することによりオーストラリアへの距離が短くなったにも関らず、高速帆船は偏西風を利用しほとんど同じ航海日数で航海でき、二つの航路で競争することを可能にした」[12]。また、このモーリーの研究は、ハンツ（Hunt's）社発刊の "Merchants' Magazine" 1854 年 5 月号に「モーリーの図書に示された水路誌（Sailing Directions）を使用したことによって、ニューヨークからカルフォルニア、オーストラリア、リオ・デ・ジャネイロに向かうアメリカの船は、年間 225 万ドルの時間的節約をしている。そして水路誌を使用した全ての船舶で見ると、年間 1,000 万ドル以上の時間的節約になるであろう」[13] と報告されている。また、1851 年のオーストラリアの金鉱発見による移民船の航海に対して、イギリス海軍省が勧告した喜望峰経由での往路と復路の航路計画は、モーリーの詳細な貿易風に関する記録を基に計画され、オーストラリアへの航海期間の短縮を可能にした[14]。

4.4　移民の急増と金鉱の発見

　工業の発展や人口の増加によって、先進諸国は年々多量の食糧及び原材料の供給を海外に依存せねばならなくなり、その結果、表35に示すように多数の移民を海外に送り出し、これによって自国産業に対する原材料供給源の確保と自国生産品の販売市場樹立に努めた。海外への移民はヴィクトリア時代の初めまでに相当程度行われており、当時の統計家マーチン（R. M. Martin）は、1839年に海外で生活しているイギリス人の数を、1,200万人と計算しており、「その大部分は英領北アメリカにおり、オーストラリアに13万人、西インド諸島に6万人、海外に駐屯する正規軍の軍人5万6,000人がいた」[15]と述べている。

　また、1848年のカルフォルニアと、1851年のオーストラリアにおける金鉱の発見は、ゴールド・ラッシュを生じさせた。金鉱の発見で活気づいた第一の舞台であったカルフォルニアには、西部への鉄道が完成していなかったために、アメリカ東海岸からカルフォルニアまで南アメリカのホーン岬経由の船旅であった。ゴールド・ラッシュの結果、カルフォルニアとその周辺地方に新しい市場が創設された。このアメリカ西海岸の発展によって、太平洋が新しい交通路として注目され、この航路の発展によって東アジアのイギリス植民地とアメリカが直結されることになった。

表35　移住人口数の変化

年	アメリカ合衆国	%	英領北アメリカ	%	オーストラリア及びニュージランド	%	ケープタウン及びナタール	%	合計
1815-30	150,160	40.2	209,707	56.0	8,935	2.3	—	・	373,338
1831-40	308,247	43.8	322,485	45.8	67,882	9.5	—	・	703,150
1841-50	1,094,556	65.0	429,044	25.5	127,124	7.5	—	・	1,684,892
1851-60	1,495,243	65.4	236,285	10.3	506,802	22.1			2,287,205
1861-70	1,424,466	72.4	195,250	9.9	280,198	14.2	—		1,967,570
1871-80	1,531,851	68.7	232,213	10.4	313,105	14.0	9,803	・	2,228,395
1881-90	2,446,018	70.8	395,160	11.4	383,720	11.1	88,991	2.5	3,456,655

出典：アンドリュー・N・ポーター編（横井勝彦・山本正訳）『大英帝国歴史地図（*Atlas of British as Expansion*）』東洋書林、1996年、88頁。

第二の舞台であったオーストラリアにおいては、1851 年以前の移住者は年間約 10 万人程度であったが、1851 年から 1854 年の間における平均年間移住者は 34 万人と大幅に増加し、オーストラリアへの移民船としてのクリッパーの建造ブームが起こり、これらのクリッパーには、木造だけでなく鉄製クリッパーの建造も含まれている。復路でオーストラリアとニュージーランドの羊毛（wool）を積込むこれらイギリスの移民船は、特に、貧しい移民にとっては、運賃が安く好都合であったとともに、船主にとっては、往路を空船で運航することによって生じる運賃経費の負担をなくせるという利点と、ウール輸送運賃の低減がはかれるという効果があった。そして、これら移民船に対してイギリス海軍省は、往路・復路共に喜望峰経由で航海することを勧告している[16]。また、「全オーストラリアの人口が 1849 年の 26 万 5,000 人から 1851 年には 40 万人、1861 年には 117 万人に増加し、これら移民の増加によってイギリスの造船業界は、移民船建造ブームとなった」[17]と記録されている。ヨーロッパからの移民で構成された新しいイギリスの市場がここでも作られ、「イギリスのオーストラリアへの輸出額は、1842 年より 1851 年までは、年平均 160 万ポンドにすぎなかったが、1852 年より 1861 年に至る 10 年間には年平均 1,010 万ポンドに増えている」[18]。

　このように、金鉱の発見によるこれら移民の急増と、新しい市場及び旧来の植民地への物資輸送、ならびに海外植民地や新市場からのイギリス本国への物資輸送は、高速帆船であるクリッパーによって行われた。

4.5　イギリス造船技術の停滞と法・条例の問題点

　イギリスの造船業の発達を停滞させたと言われている、トン税測定法と航海条例、この 2 つの法律の問題点とその変遷についてみてみる。

4.5.1　トン税測定法[19]の変遷

　1694 年に、イギリスでは次の式でトン数を算定する測定法が制定され、この計算式で得られたトン数に対して税金が課せられていた。

$$トン数 = (L × B × D) ÷ 94$$

L：竜骨の長さ　B：船体の中央における内法幅　D：船倉の深さ

　トン税測定法について、1780 年に出版されたファルコン（Falcone）の海事辞書（Marine Dictionary）によれば、「船の積載量あるいは容積トン数に対する税金を決定するための法律で、通常、船のキールの長さと船体中央部の最大幅と船倉の深さを掛けた数字を 94 で割ることによって得られた指数をもって、税金をかける対象とする」[20]とある。出版年に相違し、この算定方式は 1694 年の制定時の表現のままである。その後 1719 年には、深さを幅の半分として計算するように変更されており、1830 年発刊のウィリアム・バーニー（William Burney）の著した海事辞書には 1719 年の変更を反映した、深さを幅の半分にした、次の数式が示されている。

$$トン数計算式 = (L × B × B/2) ÷ 94$$

L：竜骨の長さ　B：船体の中央における内法幅

　1773 年に再び改定され、この改定された算定式は造船者旧測定法（Builder's Old Measurement Rule）と呼ばれ、次の式で求められていた。

$$トン数計算式 = ((L - 3B/5) × B × B/2) ÷ 94$$

L：竜骨の長さ　B：船体の中央における内法幅

　1842 年までは、深さを最大幅の半分とした 1773 年に改定された計算方法が使用されており、このため、少しでも税金を少なくするために、細くて喫水の深い復元力が小さい危険な船が建造されていた。また、蒸気機関が推進機関として使用されるようになり、1819 年に、蒸気船のトン数を計算する場合には、機関室の長さを船の長さから減ずる点が加えられた。その後、1842 年の議院法により「船首材から船尾材の間の上甲板の長さを 6 等分する。深さは、前檣、中央檣、後檣によって分けられた各地点の

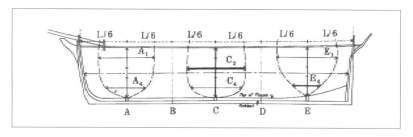

図32　トン数算定図

出典：David R. MacGregor, *Fast Sailing Ship*, Naval Institute Press, 1973, p. 98, より著
　　　者作成。

船倉の深さを計測し、幅は、それぞれの深さを計測した値を5等分し、そ
れぞれの位置における幅を計測する。前檣と後檣の場合は、上甲板から
1/5と4/5の位置の内幅を、そして中央檣の上甲板から2/5と4/5の位置
の内幅を計測する。長さについては、船体中央の1/2の深さにおける船首
材までの長さと船尾材までの長さを足したものとする。深さは、船体中央
の深さを2倍したものに前檣、後檣位置における深さを加えた値とする。
幅は、前檣のより高い位置とより低い位置における内幅を、中央檣の位置
で5等分した深さのより高い位置の深さにおける内幅の3倍と、より低い
位置の深さにおける内幅を、後檣のより高い位置における内幅とより低い
地での内幅の2倍を、それぞれ計測しこれらを合計する。そして、これら
の計算によって得られた数値を掛け合わせ、その数値を3,500で割った値
を、税対象トン数とする」[21] と記述されている。この計算方法の各位置を
図で示すと図32のようになり、計算式は以下のとおりである。

$$トン数計算式 = ((A_1 + A_4 + C_4 + E_1 + 3C_2 + 2E_4) \times (A + C + E) \times L) \div 3,500$$

　　　　　A_1、A_4、C_2、C_4、E_1、E_4：図に示す点での内法幅

　　　　　A：A点での船倉の深さ　C：C点での船倉深さ

　　　　　E：E点での船倉の深さ　L：竜骨の長さ

　その後、1854 年に制定された商船法によって、1842 年改定の上記「トン税測定法」は改定された。新しい計測方法として、ジョージ・ムーアソン（George Moorson）が案出した測定方法を採用した。このムーアソン方式では、トン数を 100 ft³ を 1 トンと換算することにした。そして、このムーアソン方式は、1865 年にアメリカ、1867 年にデンマーク、1871 年にオーストラリア、1873 年にドイツ、フランス、イタリアが、1874 年にスペイン、1875 年にスウェーデンにも導入されている。そして現在でも、継続使用されている。

　一方、アメリカにおける古いトン数計算は、イギリスからもたらされた方法に適合させたものであった。その内容は次のとおりであり、長さは、上甲板前部の船首材から後部の船尾材までの長さ、幅は船の最大幅の外舷間の幅、深さは上甲板の板材から船倉の底板までの深さの計測値で計算された。深さの計測方法は使われることはなく、幅の 1/2 とする計測方法が使われた。そして、税対象総トン数の計算方法は、下記のとおり長さから幅の 3/5 を引いたものに、幅と幅の 1/2 を掛け合わせ、その値を 95 で割ったものを税対象総トン数とした。

$$米国トン数計算式 = ((L - 3B/5) \times B \times B/2) \div 95$$

$$L：竜骨の長さ　　B：船体の中央における内法幅$$

　この計算方式は、植民地時代から 1865 年のムーアソン方式が採用されるまで続いた [22]。このことは、独立後のアメリカに物資を輸送する船は、旧トン税測定法で造られた船の方が有利であったことを示しており、事実イギリスの海運業者は旧来の測定法で建造された船によって交易を行い、利益を得ていた [23]。

　トン税測定法は、船主の利益を優先するために、幅が狭く、深さの深い不安定な船の建造を促し、また、この法律による足枷のためにイギリス造船業界は、自由な発想による設計ができず [24]、結果的に、独立後のアメリカ船舶による海上貿易覇権を許す結果となった。

4.5.2　航海条例（Navigation Acts）の制定と廃止までの経緯

　航海条例は、イングランドの海外貿易や海運業を保護育成する目的で制定された法律群の総称で、狭義では、コモンウェルス時代の1651年にオリヴァ・クロムウェル（Oliver Cromwell）によって、オランダ海運業に対抗する目的でイングランドで制定された1651年法、その改正である1660年法や1663年法をさす。航海法、航海条例とも呼ばれる。Actsと複数形で呼ばれるのは、航海条例がその起源である1381年法から1696年にかけて、9回制定されたことによっている。

　1381年、1485年、1540年の航海条例は、海運を盛んにし、海上防衛を強化する点に重きが置かれていた。1381年に成立した条例は、イングランド所有の船が当時は少なかったために無効化され、1540年の法制定時には、イングランドの貿易商は大きくて不便なイングランド船よりも、小回りの効くオランダ船を主に使用する傾向にあった。1651年の航海条例は、オリバー・クロムウェルが実権を握っていたイングランド・コモンウェルスの議会により可決され、共和国政府が発布した条例で、オランダ商人による中継貿易の排除を目的とした。この法律は、イングランドとネーデルランド連邦共和国（現オランダ）との、3回に及ぶ戦火（英蘭戦争）のきっかけとなったが、いずれもイングランドが勝利した。この勝利によって、イングランドは世界の海上を制覇することになり、戦時にも十分な数の船を確保でき、重商主義（航海法などによって自国民の貿易や海運を保護することで、経済的利益を図る考え方や政策）を通じて、保護貿易主義の形を作ることになった。

　1651年に、クロムウェル指揮下の国会において可決された最初の航海条例は、イングランドの植民地貿易の利権を守るため、そして、急成長するオランダの海洋貿易から、イングランドの産業を守る目的があった。その条例の内容は、

(1)　非ヨーロッパ地域との貿易に関する一般規定及び船舶規定として、アジア、アフリカあるいはアメリカで生産される財貨あるいは生産物……はいかなるものも、イギリス人あるいはイギリス植民地

人によって所有され、その船長がイギリス人であり、その船員の
大部分がイギリス人である船舶以外の船舶でイングランド、アイ
ルランドあるいはその他イギリスの属領に輸入されてはならない。
(2)　ヨーロッパ貿易に関する一般規定及び例外規定として、
　(a)　外国で栽培、生産あるいは製造される生産物はいかなるものも、
　　イギリス船舶あるいは、それらの生産物の原産地、またはそれら
　　の生産物が通常最初に船積みされる場所に属する船舶以外の船舶
　　において、イギリスに輸入されてはならない。
　(b)　外国で栽培、生産あるいは製造される生産物の原産地、あるい
　　は『それらの生産物が船積みされ得る唯一の港、又は通常最初に
　　船積みされる港からのみ』直接にイギリスに輸送されねばならな
　　い。いかなる国の商品も船長及び船員の四分の三以上が、イング
　　ランド人（植民地の住民を含む）であるイギリス船によらなけれ
　　ば、イングランド及びイングランド植民地との貿易に従事できない。
というものであった[25]。

　したがって、同条例は、「オランダ船舶がオランダ以外のヨーロッパの
生産物をイギリスに輸送することを禁止するとともに、イギリス及びその
属領と植民地間の貿易からオランダ船舶を駆逐し、それに代わってイギリ
ス船舶を可能な限り利用させようとした」[26]ものである。ただし、1651 年
のこの条例では、「アメリカ植民地が直接ヨーロッパの諸外国にその生産
物を輸出すること、並びにその際如何なる船舶を使用すべきであるかとい
ったことについては何ら規定されていなかった」[27]のである。そして、イ
ングランドは、居住地でなく国籍を重視したため、イングランド植民地の
住民は、植民地間の貿易をおこなうことができたが、イングランド領アジ
アやアフリカの物資を輸送する場合、ブリテン諸島やアメリカの植民地か
らは、外国船によって輸送するか、産出国の船で輸送するか、いずれかの
方法のみであった。
　このクロムウェルの航海条例は、1660 年に改定された。この改定航海

条例（An Act for the Encouraging and Increasing of Shipping and Navigation）は、19条から構成されており、主要条項は、次の7つの条項から構成され、1651年に制定された諸条項を修正・追記したものであった。すなわち、(1) 如何なる商品あるいは物財たりとも、イギリス船によらなければ、アジア、アフリカまたは米国における如何なるイギリス領土からも輸入し、または、これらの如何なる地へも輸出することを得ない。(2) アジア・アフリカまたは米国各地の栽培・生産・製造にかかる如何なる商品あるいは物財たりとも、船員の4分の3がイギリス人であるイギリス船によらない場合は、イングランド、ウェールズまたはアイルランドに輸入することを得ない。(3) 如何なる外国船であっても、イギリス沿岸貿易に従事することを得ない。(4) 外国の栽培・生産・製造にかかる如何なる商品たりとも、原産地または当該商品が、最初に運送のため船積みされ得る唯一の港、あるいは現在このような商品にとっての最初の船積港、もしくは従来の慣例からかような商品にとっての船積港とされてきた港から積み出されていない場合は、たとえイギリス船によるといえども、輸入することを得ない。(5) ロシアの商品・オスマントルコ帝国の種子なし乾しブドウ及びその他の生産物・木材・板・塩・ピッチ・タール・樹脂・麻・亜麻・乾しブドウ・イチジク・乾しプラム・オリーブ油・小麦・穀物・砂糖・ポタッシュ（Potash：カリウム：肥料）・葡萄酒・酢、または、ブランデーは、イギリス船、また、既述のように、原産地もしくは慣例上の船積港に所属する船舶以外の場合は、輸入するを得ない。(6) 植民地に産する砂糖・煙草・綿花・藍・ファスチック材または染料用原木（すなわち植民地において極めて価値の大きい産物全て）は、イングランド・ウェールズ・アイルランドまたは、他のイギリス領土以外の如何なる地に向けても船積みすることを得ない。(7) 本条例に記載され且つ外国船（原産地国もしくは慣例上の最初の船積み港所在国に所属する船舶）で輸入することを認められた全ての貨物は、その船積みに対して外国人輸入税を支払わねばならない。外国船で輸入されるあらゆる乾魚・魚油・鯨油は、2倍の外国人輸入税を支払うことを要する。そして、最終条項は、この法律で認められた船舶には証書

が与えられる。というように極めて徹底した保護制度であった[28]。

　砂糖やタバコなどの植民地の主要産物は、本国にのみ輸出できる（他国への輸出を禁ずる）とし、イングランドに直接送られる特定輸出品がリストアップされた。特定輸出品とは、砂糖（1739 年まで）、藍、タバコなどで、18 世紀には米と糖蜜が加わり、さらに 1663 年の条例（指定市条例又は市場条例）は、ヨーロッパから植民地への輸出はイングランドを介して行うものとした[29]。

　これによって、イングランドは植民地との交易を完全に掌握するに至り、密貿易を取り締まる目的で 1673 年にも再制定されている。さらに、1696 年の航海条例改定は、貿易の統制・監督を行わせる商務植民地庁（商務院、イギリス商務省の前身、Board of Trade and Plantations）を設置するためのものであった。1773 年にも、西インド諸島の砂糖を対象に重税を課した法（糖蜜条例）が制定され、このために砂糖の価格が急騰している。

　航海条例に対する反対運動は、植民地の自主性を妨害されたことへの非難や、本国の産業を守るために、帽子作りや、羊毛工業に歯止めをかける等、植民地産業に被害をもたらしたことに端を発している。1750 年には、競合を避ける意味から、植民地の錬鉄や鋼加工の発達に歯止めをかけることもあった。このため、18 世紀半ばには、密輸が当たり前になり、砂糖法（1764 年）や茶法（1773 年）が定められたが、この法は密貿易を防ぐ以上に、アメリカの愛国者蜂起に火を注ぐ結果となった。イギリスの貿易は、アメリカ植民地があってのことであったことから、その後開かれた第 1 回大陸会議では、ベンジャミン・フランクリン（Benjamin Franklin）によって、航海条例はアメリカ植民地に沿った形で制定されるべきであるという提案がなされている。

　しかし、航海条例は次第に強制力の強いものとなり、植民地の事情に沿って制定するという提案も受け入れられなかった。このため、アメリカ独立戦争が 1775 年におこり、条例は重大な危機に瀕した。その後、違法行為も頻繁に起こり、輸出品目の列挙は 1822 年に廃止された。さらに、イ

ギリスにおける自由貿易の支持者の台頭や、航海条例と同じく保護貿易政策であった穀物法が 1846 年に撤廃されたこともあり、航海条例も 1849 年と 1854 年をもって完全に撤廃された[30]。

4.5.3　商船法の制定

1854 年に制定された商船法は、商務省の権限と責任を大幅に拡張したもので、船舶の建造及び艤装の監督面において特にそれが顕著であった。また、海運業の社会的福利厚生を増進するために、また、一般公衆に対して海運業が負う任務の遂行を義務付けるために、国家が責任を有することが明確に一般に認められ、船員のために、公正な雇用条件、誘拐・詐欺等の保護、救助施設、適切な医療処置等の確保に多大の努力がはらわれるようになった。

4.6　蒸気船と郵便補助金政策

蒸気船は、その定期性・確時性という利点から早くから郵便輸送船として、イギリス政府と契約し植民地間の郵便輸送任務についていた。この蒸気船による郵便輸送には、政府補助金が与えられていたために、容易に改善・改良が許可されず蒸気船の進歩を遅らせる結果となった。

4.6.1　郵便輸送における帆船から蒸気船への移行

ナポレオン戦争（Napoleonic Wars）以前、イギリスにおいては、1815 年から 1823 年の間のヨーロッパやアメリカへの郵便物は、郵政省の小型で限られた容積を持つ郵便輸送帆船（Sailing Packet）で運ばれていた。ニューヨークへの郵便船の平均所要日数は、45 日で最大では 81 日であった。米国を往復する郵便船でより早いものは、ブラック・ボール・ラインの帆船で、東航の場合は 21 日から 33 日、西航の場合は 35 日から 40 日であった。戦争が終結した数年後、郵政省は自前の郵便船での南アフリカ、インドへの郵便輸送を実施したが、経費がかかり過ぎたために中止している。その後は 1830 年まで東インド会社の船での輸送に切り替えていたが、イ

ギリスからインドまで 4 カ月から 6 カ月を要し、このため、差出人がその
返事を受け取るまでに 1 年から 2 年待たねばならなかった[31]。

　このように、帆船による郵便輸送における所要日数の不規則性のため、
1821 年に郵政省は、高額ではあったが、まず、アイルランドとフランス
の間の郵便輸送を契約による小型蒸気船で行った。この契約は、郵政省の
大きな予算不足を生じさせる結果となり、1823 年には海外への郵便輸送
は海軍省の所管となった。この理由には、陸上では問題はなかったが、海
上では郵政省の船舶は、海軍の 10 門の砲を備えた 2 本マストの船に比べ、
容易に私掠船によって郵便物が奪われていたことにもよる。1830 年代ま
で、蒸気船による郵便輸送は近距離航路に限られていたが、1830 年に蒸
気船ヒュー・リンゼイ号（Hugh Lindsay）がボンベイからスエズまで 30
日で走破することに成功したことにより、スエズで郵便物は、アレキサン
ドリアまでラクダと河船で運ばれ、アレキサンドリアで海軍の郵便船に引
き継がれることによって、ボンベイを出発してからロンドンに 59 日間で
届いた。その後の 50 年間、イギリスとアジアのイギリス植民地との郵便
輸送は、エジプトを通過する陸上ルート（Overland Route）によって行わ
れた[32]。

　一方、1834 年に郵政省は、ロッテルダムとハンブルグへの郵便輸送を
民間の汽船会社 Peninsular Steam Navigation Company に委託した。こ
の新会社は、蒸気船による、イギリスとイベリア半島の航路も開設してお
り、1837 年には最初の郵便輸送契約を 2 万 9,600 ポンドで海軍省と行い、
スペインとポルトガル経由でイギリスとジブラルタルを結ぶ週一回の定期
郵便船を運航した。3 年後に会社名を Peninsular and Oriental Steam
Navigation Company（以下 P & O と言う）に変更した同社は、1840 年に
イギリスとアレキサンドリア間を 3 万 4,200 ポンドで月一回運ぶ契約を行
い、さらに、P & O は、1844 年まで東インド会社が保有していた権利を
取得し、1845 年にスエズを越えてセイロン、マドラス、カルカッタ、シ
ンガポールまでの郵便輸送を 11 万 5,000 ポンドで契約、同年中国までの
郵便輸送を 4 万 5,000 ポンドで追加契約している。1851 年にはオーストラ

リアを追加し、1853年の新契約では、郵便の他に、高価な貨物、軍人、政府の職員の輸送ためのに、年間19万9,600ポンドの補助金を得て15隻の蒸気船を運航させている[33]。以上のように、郵便輸送は帆船による不規則性が敬遠されて、より定期性・確時性の高い蒸気船へ移行した。使用する蒸気船も郵政省や海軍の船から、契約による民間船の利用に移行し、その輸送範囲も拡大されていった。

4.6.2 郵便輸送蒸気船における進歩の遅れ

　大西洋航路はインド航路以上に重要であり、殆どの大西洋横断の郵便物はイギリスとアメリカの間のものであった。郵便輸送の重要性から、早くから輸送運賃の高価な蒸気船が利用されていた。大西洋の横断は、中継地がないだけに技術的にインドへの航海より難しく、最初に大西洋を横断した蒸気船は前出のサヴァンナ号であったが、前述したとおり蒸気機関による航海は数日であり、ほとんどは帆走であった。1838年までに蒸気機関だけで大西洋を横断した船は、シリウス号とグレート・ウェスタン号だけであったが、その船体のスペースのほとんどが石炭で埋められていた[34]。

　その後、カナダ人のサミュエル・キュナード（Samuel Cunard）が北大西洋の郵便輸送契約のためロンドンを訪れた。彼は自分自身の船を一隻も持っていなかったものの、海軍省や東インド会社に有力な人脈を持っていたために、リバプール、ハリファックスそしてボストンの間の郵便輸送を年間5万5,000ポンドで請け負った。彼は、この補助金によって最初の蒸気船ブリタニア号（Buritania）を建造したが、このブリタニア号も積荷容積の3/4が石炭で占められていた。1851年に再契約され、補助金は年間17万3,340ポンドに上げられ、ボストンに代わってニューヨークが目的地となっている[35]。

　1860年代までの大洋航行蒸気船は、未成熟な舶用蒸気機関を搭載した、いわば帆走中心の気帆船であった。蒸気機関に続く最初の変化は鉄の船体の導入であった。最初の鉄の船体を持った船は、先述のアーロン・マンビー号で、1821年に建造されている。鉄は強く、軽くて木材より比較的安

かったが、偏屈な海軍の保守的な抵抗のため、郵便輸送船への鉄製船体の
使用は 30 年間にわたって使用が認められなかった。

　P & O は、郵便輸送目的以外の蒸気船について木造船から鉄船への移
行、及び外車船からスクリュー・プロペラ船への移行を 1840 年代後半か
ら 50 年代初頭にかけて始めており、1850 年に郵便輸送船への鉄製船体の
使用を具申した。しかし、海軍省は「鉄製船体に使用されている鉄材は、
火薬を装填した炸裂弾が命中すれば、鉄船の場合修復が困難で、砲弾に対
して木材と同じ程度十分に耐えるとはいえない」[36] と言う理由で、郵便補
助金を得ている船舶に対する鉄の船体は認められなかった。このため、
1856 年まで海軍省も郵政省も、キュナード汽船会社の鉄製船舶の購入に
まで抵抗し、1861 年末まで認めなかった。一方で、P & O は、海軍省と
の間で「包括的郵便契約」が締結された 1853 年頃には、8 隻の郵便補助
金を受けていない鉄製スクリュー・プロペラ蒸気船を竣工させていた[37]。

　郵便輸送船の次なる挑戦は、水線下に装備されたスクリュー・プロペラ
の導入であった。外車の欠点は、前述したとおり波が高い時に容易に空転
や破損被害を受けやすく、また、水線上に現れていたために砲撃にも弱い
ことであった。スクリュー・プロペラが最初に使用されたのは 1838 年で
あったが、一般的になったのは 1843 年以降であった。ブルネルが建造し
たグレート・ブリテン号がスクリュー・プロペラと鉄製船体の両方を持っ
た最初の船であった。1850 年以降、殆どの外洋航海用蒸気船はスクリュ
ー・プロペラを装備していた。ところが、海軍省は 1862 年になってよう
やく、郵便輸送船へのスクリュー・プロペラの装備を許可している[38]。

　郵便輸送蒸気船への鋼の使用についても、他の民間の商船ではスエズ運
河開通以前に鋼を使用し始めていたにもかかわらず、1870 年代のジーメ
ンス・マルタン法の発明によって、鋼が十分安価に手に入るまで待たねば
ならなかった。

　要するに、当時の蒸気船の運航は高い収益のある航路か、イギリス政府
のように郵便補助金が十分に提供される場合に限られていた。

4.6.3 郵便補助金政策への疑問と変質

　1860 年にいたって、政府の郵便補助金政策について議会特別委員会は、郵便輸送契約汽船会社が手に入れている莫大な補助金の必要性とそのプロセスについての質問状を政府に提出している。政府は、これら汽船会社に対して約百万ポンドを拠出し、その 4/5 が以下の 3 社に渡っていた。すなわち P & O に 40 万ポンド、キュナードに 20 万ポンド、そしてローヤル・メイル（Royal Mail）に 27 万ポンドであった[39]。1853 年の P & O との契約金額 20 万ポンドのうち、郵便収入は 4 万 7,000 ポンドで、その不足分の半分はインド政府が、残り半分を英国政府が負担していた。このため、1860 年に国会特別委員会は、よりよいサービスを、より安く行えるように郵便輸送の管理権を、海軍省から郵政省に移管することを勧告した。これによって、表 36 に示すように、1865 年には減額をみたものの、1874 年に契約が入札制に切り替えられるまで、郵便輸送契約汽船会社は、一貫して相当額の郵便補助金を政府から受け取っていた。また、「東洋への郵便輸送契約も請け負っていた P & O は、他の 2 社に比べ東洋航路における石炭補給経費等もあり、1874 年まで契約高の大きな変動はなく、むしろ増加していた」[40]。

　郵便補助金の必要性について、蒸気船による郵便輸送が始まった当初は、郵便輸送を政府の郵便輸送船や、民間船の船長との特別な取り決めを行って実施するより、蒸気船会社との契約の方が、より速く、より安全に輸送が可能であるとの根拠によって正当化されていた。また、帆船の建造費及び運航にかかる経費に比べ、蒸気船の建造及び運航にかかる経費は高額であった。従って蒸気船の運賃は、また極めて高額となり、到底一般貨物の負担し得るところでなかった。このために、表 37 に示すように、それらの差額を補填するものとして郵便補助金が支払われていた。ところが、1860 年代に入ってイギリスとの主要航路において開設された、郵便補助金を受けていない海運会社による速くて確実な運航が、郵便補助金によって運航されている郵便輸送蒸気船であるにもかかわらず、何の技術的な変化も、郵便配達における進歩も促進していないのではないかという反

表 36　郵便補助金額の変遷

年　度	補助金額（£）	年　度	補助金額（£）
1840	170,000	1875	797,000
1845	718,000	1880	692,000
1850	756,000	1885	740,000
1855	743,000	1890	910,000
1860	932,000	1895	961,000
1865	817,000	1900	774,000
1870	1,047,000	—	—

出典：黒田英雄『世界海運史』成山堂書店、昭和 47 年、72 頁。

表 37　郵便補助金の仕組み

項　　目	貸し方（£）	借り方（£）
(1) 貨物 225 トン、運賃差トン当たり 2 £	900	
(2) 1 等旅客 70 人、運賃差 1 人当たり 13 £（往復）	1,800	
(3) 移民 300 人、運賃差 1 人当たり 1 £10s（片道）	450	
(4) 蒸気機関・石炭あわせて 750 トン積載による、運賃損失トン当たり 3 £（往復）		4,500
(5) 石炭消費量 900 トン、トン当たり 15s		700
(6) 賃金（機関室・汽罐質）		100
(7) 修繕費（機関室・汽罐質）		125
(8) 帆船に比しより多く投下された資本費用の償却		275
(9) 帆船に比べた場合の蒸気船運航の損失額	2,550	
合　　計	5,700	5,700
(a) 運賃収入差額 ＝ (4) － [(1) + (2) + (3)]		1,350
(b) 運航費差額 ＝ (5) + (6) + (7)		925
(c) 建造費差額 ＝ (8)		275
(d) 運航差額 ＝ (a) + (b) + (c)）（＝郵便補助金）		2,550

注）貸し方：契約汽船会社、借り方：政府
出典：R. H. Thornton, *British Shipping*, Cambridge at The University Press, 1939, p. 31.（翻訳）

対意見を生じさせた。

　郵政省においては、汽船会社との契約金と郵便収入額との差額に関する問題も発生していた。一方、郵便輸送契約について、別の基本方針を持っていた海軍省は、契約更新時に「英国の航路優勢を維持することは国家にとって重要であり……、郵便収入に対する金銭上の問題は、郵便輸送に関しては取るに足らない問題である」[41]と弁明している。

　事実、郵便補助金は、郵便の配達が速くて確実に実行されることよりも、より重要な他の目的を持っていた。一つは、外国との競争における、国家としての自尊心と名声であった。それは、契約時の項目に「イギリス船による速さは、同じ航路での外国船の最高の速さと同等であらねばならない」[42]と記していることでも分かる。この点について、1853年にキュナード汽船会社は、時の郵政大臣チャールズ・カニング子爵（Charles John Earl Canning）に「もし、我々の船が現在の大きさと同じ機関能力を持ったままであれば、遠からずアメリカ政府によって良く管理されているアメリカの船に追い越されるであろう。大西洋航路における我々の優位な地位を維持するためには、十分に強力な船の建造を継続する以外になく、郵便輸送契約を終結させることの危険は非常に大きい」[43]と書き送っている。

　海軍省のもう一つの動機は、国防であった。海軍省が海外郵便の輸送を請け負っていた間、契約会社の郵便輸送用蒸気船は、海軍本部の建造仕様書によって建造され、有事においては郵便物だけでなく、無料で軍人、役人とその雇人を輸送できる権利と武装を行う権利を海軍は保有していた。契約時のこの文言は、政府の乗船者、海軍軍人及び政府の貨物を無料、あるいは低運賃で輸送することが可能であったことを意味していた。事実、クリミヤ戦争、1857年のインドの反乱、あるいは1857年と1863年のアビシニア戦役（Abyssinian Expedition）のような緊急時に、政府が郵便船を軍用船として徴用する権利を有していた[44]。しかし、この徴用には思いがけない利益も契約会社にもたらしている。実際、P & O は、1899年から1903年のアングロ・ボーア戦争（Angro-Boor War）の時には、120万ポンドを得ている[45]。一方で、海軍は、契約会社に対して、船体に鉄の使

用を認めた以降も、1880 年代の武装巡洋艦の仕様書による大口径砲の搭載が可能な、十分な強度の船を建造することを要求している。

　海外への郵便輸送業務における、比較的少数の郵便物を海外へ予定通りに輸送を実行するための経費は、けっして引き合うものではなかったために、当初から補助金が必要であった。郵便補助金の役割は、イギリスの郵便輸送契約が、民間企業との契約による海外汽船交通網の確立と言う初期の課題から、次第に費用対効果のバランスをいかに効率的に維持していくかという課題へと時代が進むに従って移って行った。世紀が進むにつれて、本来の目的に他の目的が追加された、すなわち、①造船業と造船の技術的進歩を支援すること、②他の海洋国との競争においてイギリス国旗を世界中に見せつけること（Show The Flag）、そして、③戦時においてイギリス海軍の補助艦として供給することであった。これらによって国力の大きさを示す競争としての面を持ち始めた。

　郵便輸送契約金が多額に上り始めてきたことに対して、費用対効果の観点からの見直しの必要性から、1853 年、大蔵大臣は国家財政委員会（Board of Commissioners of the Treasury）に対して、1850 年代初頭までに郵便輸送契約によって支出される契約金額がおよそ 85 万ポンド[46]まで増大し、これは 1852 年の民生向け経費である約 418 万ポンド[47]（見積）のおよそ 1/5 にも上る額となっている事実を述べ、警鐘を発した[48]。政府は、1853 年 3 月に、大蔵大臣が提唱する郵便輸送契約の費用対効果の見直し作業の必要性を認め、時の郵政大臣カニング子爵を長とした調査委員会（通称カニング委員会）を発足させ、1853 年 7 月 8 日付で国家財政委員会宛てに報告書を提出している。この報告では、これまでの契約による郵便輸送業務が、その速度と規則制において非常に優れたものであり、商業的・政治的価値としても高い貢献をイギリス本国にもたらしていることを認めている。だが、それがとめどない郵便契約金の増大を招くことは問題があるとして、契約を行う場合の推奨すべき様式を纏めている。即ち、「当該航路において頻発で迅速な交通が既に確立されている場合、郵便輸送契約は公募入札制で行うのが望ましい」との勧告が行われた[49]。この郵便輸送

契約方式についての考え方は、その後郵便輸送契約を議論する際に準拠枠となった。しかし、一方で、この報告書には、郵便輸送契約を徹底して商業的観点から捉えられていたため、軍事的観点からの郵便船の利用と言う視点はなかった。海軍大臣を含めた委員会ではあったが、委員会の報告はむしろ、有事の際にこそ定期的な郵便輸送サービスがより以上に必要とされることから、軍用転換には反対の意見を表明し、軍用転換に係る規定の削除を求めていた。これによって、1860年4月からは海軍省に代わって、郵政省が政府の契約当事者となり、また契約の実施の監督に当たることになった。同年、海軍省は、郵便と電信に関する特別委員会において「郵政省の契約についての決定は、単に郵政省の問題ではなく、我々の国家の関係、我々の植民地支配権、我々の陸軍と海軍の能力、そして我々の商業を広げるという、常に帝国の地位（国益）を考慮すべき点を含んでいる」[50]と報告している。

4.6.4　郵便補助金政策の弊害

　19世紀はイギリスの歴史における絶頂期であった。その世紀、イギリスと外国郵便業務は驚くほど成長をとげ、造船と海運においても、そしてイギリスの企業も同様であった。これらはお互いに関連しあっていた。「郵便所管官庁は、より速く、より安全な船を使用することを熱望し、豊富な補助金によって、造船と海運の進歩を助長していた。また、企業家は、より大きく、より速く、そしてより信頼できる船の建造と運航によってこれらの誘因に応えた」[51]と、蒸気船の技術的進歩に肯定的な見解がある一方で、前出の鉄製船体導入の遅れや、スクリュー・プロペラ導入の遅れを例に挙げて、政府の郵便補助金制度は、蒸気船船主や造船業者の進歩に対する積極的な取り組みを阻害したとして、郵便補助金制度が、蒸気船全体の進歩を遅らせたという見解を示す者もいる。彼らの所見は、郵便補助金政策は、イギリス本土と植民地間の交通、通信の改善を目的とし、かつまた海軍政策の一環でもあり、前に述べたとおり帆船に対する運航費の差額補助としての性格を有しており、これによって、イギリスを中心とす

る定期航路網の形成に大きな役割を果たしたことも事実であることを認め
てはいるが、「しかし、この郵便補助金政策は、キューナード・ラインの
鉄製スクリュー・プロペラ蒸気船採用が遅れた例のごとく、技術的進歩に
逆作用を及ぼし、郵便補助金の支給されていないところに、かえって技術
的進歩がみられた」[52]との見解や、蒸気船への鉄の使用を遅らせた要因説
明として、ロイヤル・ミーカー（Royal Meeker）は「郵便輸送蒸気船は、
同時に軍艦として使用可能ならしめるために、海軍省の干渉を受けること
になり、当時の海軍当局は、鉄は砲撃に対して木材より抵抗力が弱いと考
えていたため、1851 年に至っても鉄の使用を禁じていた。このために鉄
船採用が遅れた」[53]との見解を示した。

　また、海軍省による郵便輸送蒸気船建造に関して、海軍省作成の仕様書
に基づく建造が蒸気船の進歩を阻害した理由として、前出のミーカーは
「海軍省の政策は、初期においては蒸気船を遠洋航路へ進出させる契機と
なり、新型の蒸気船の大量建造を可能ならしめた。しかし、同政策の型に
はまった運用が、蒸気船の発達に対して、むしろ阻止的な作用を及ぼし始
めたのである。問題は、海軍省が郵便補助金政策を海軍政策の一環として
運用した点にあった。前述したように、郵便輸送蒸気船は、同時に軍艦と
して使用可能ならしめるために、建造に当たって海軍省の検査・監督をう
け、艤装についても種々の条件を付けられていた。そのために郵便輸送蒸
気船は、造船技術の新しい発展を取り入れるに当たり、海軍省の干渉を受
けることになった。その最も著しい事案が前出の、鉄製船体の採用が
1851 年末まで許可されなかったことである」[54]。との見解を示している。
もっとも、当時の鉄船への強い偏見を持っていたのは海軍そのものであっ
たことからも、海軍の反対は十分に理解できるものである。

　また、郵便補助金を受けていない海運会社の蒸気船が、1844 年に鉄製
スクリュウ・プロペラ蒸気船を建造していた[55]にもかかわらず、郵便補
助金を受けていた海運会社のキューナード・ラインの鉄製スクリュー・プロ
ペラ蒸気船建造は、1862 年建造のチャイナ号（China）2,550 トンであ
り[56]、このスクリュー・プロペラの採用について、同じく郵便補助金を受

けていた、ロイヤル・メイルに至っては外車からスクリュー・プロペラへの移行が 1868 年という遅さであった[57]。

もう一つの弊害は、技術的な問題でなく郵便輸送におけるスエズ運河の利用が遅れた点である。すなわち、郵便補助金を受けていない海運会社は、スエズ運河を利用して郵便物の輸送を行っていたが、郵便補助金を受け取っていた P & O は、スエズ運河を正式の郵送ルートとは認められておらず、P & O の立場は悪化していた。このため、P & O は郵政長官あてにスエズ運河利用について打診を行ってきたが、回答は、エジプト政府とのエジプト横断郵便契約の終了までは許可しないというものであった。しかし、この処置はイギリス政府がスエズ運河の堪航性に技術的な不信を抱いていたというよりは、運河通航を許可する代わりに、郵送サービスの迅速化と契約金額の減額を P & O に求めたものであった。結果的に、P & O はこの要求を受け入れ、2 万ポンドにおよぶ契約金の減額に応じている[58]。

第 4 章の注

1 ）ジョージ・ネイシュ（須藤利一訳）「造船」、チャールズ・シンガー『技術の歴史第 8 巻 産業革命／下』第 19 章 筑摩書房、1979 年、501 頁。
2 ）75 頁で記述したように、ポンプの作動や、ヤードを上げるために、最初に蒸気機関（15 馬力）を甲板に装備したのは、アメリカの大型帆船グレート・レパブリック号で 1853 年のことである。
3 ）18 世紀中頃までは、フジツボや海藻等の海洋生物成長に対する意図的な対策は考えられていなかった。
4 ）John Fincham, Esq., *A History of Naval Architecture*, London: Whittaker and Co., 1851, p. 95.
5 ）ただし、鉄の腐食が流電作用（電食）によるものだと分かったのは、ずっと後の 1823 年になってからである。
6 ）Fincham, Esq., *op. cit.*, pp. 95-100.
7 ）C. E. Fayle, *A Short History of the World's Shipping Industry*, George Allen & Uuwin Ltd., 1933, p. 215.
8 ）D. R. MacGregor, *Merchant Sailing Ships, 1775-1815*, Argus Books, 1980, p. 172.
9 ）Samuel J. P. Thearle, *Naval Architecture: A Treatise on Laying Off and Building Wood, Iron, and Composite Ships*, William Collins, Sons, & Company, 1876, pp. 357-365.

10)　上野喜一郎『船の知識』海文堂、1979 年、43 頁。：この種の船は被覆船（Sheathed vessel）といわれ、19 世紀中頃以降に現れ、ドックの設備が少なく、鉄船の船底に海洋生物が付着するのを防ぐための方策で、木船の船底に銅板を貼って海洋生物の付着を防いだ利点を鉄船に応用したものである。

11)　Arther H. Clark, *The Clipper Ship Era: An Epitome of Famous American and British Clipper Ships, Their Owners, Builders, Commanders and Crews 1843-1869*, G. P. Putnam's Sons, 1910, pp. 147-148.

12)　Gerald S. Graham, "The Ascendancy of the Sailing Ship 1850-85", *The Economic History review*, New Series, Vol. 9, No. 1, 1956, p. 82.

13)　Clark, *op. cit.*, pp. 148-149.

14)　*Ibid.*, p. 261.

15)　William Henry Bassano Court（矢口孝次郎監修、荒井政治・天川潤次郎訳）『イギリス近代経済史（原題：*A Concise Economic History of Britain from 1750 to Recent Times*, Cambridge University Press, 1954.)』ミネルヴァ書房、1985 年、361 頁。

16)　Clark, *op. cit.*, p. 261.

17)　大野真弓編『イギリス史』山川出版社、1954 年、350 頁。

18)　堀経夫『英吉利社会経済史』章華社、1934 年、243-44 頁。

19)　この法律の訳名として「船舶測定に関する法律」というものもあるが、本書では「トン税測定法」を使用する。

20)　Clark, *op. cit.*, p. 373.

21)　1846 年発刊の Young による海事辞書（Marine Dictionary）

22)　Clark, *op. cit.*, pp. 373-376.

23)　Graham, *op. cit.*, p. 78.

24)　船舶に対する課税は、船舶のトン数に対して課税されており、当時のトン税測定法は船長と船体中央部の幅によって決められていた。このため、船主は物資積載量を増加し、利益を得るために造船業者に対して、幅と船長をあまり長くすることなく船倉容積を増加することを要求した。この船主の要求ため、造船業者は船倉を深くする方法を選択したが、この選択は、船の安定性を低下させ、遅い不格好な船型となった。トン税測定法が改正されてからは、安定性と速度及び積載量の増加を勘案した船型の設計が可能となった。

25)　宇治田富造『重商主義植民地体制論 第 1 部』青木書店、1972 年、137 頁。

26)　同上、147 頁。

27)　片山幸一「イギリス産業革命期の貿易と海運業（4）」、『明星大学経済学研究紀要』第 34 巻第 2 号、2003 年 3 月、2 頁。

28)　宇治田、前掲書、178 頁。

29)　浜林正夫、篠塚信義、鈴木亮編訳『原典イギリス経済史』お茶の水書房、1967 年、201-203 頁：宇治田、前掲書、164-171 頁。

30)　川瀬進『航海条例の研究』徳山大学総合経済研究所、2002 年、263 頁。

31） Daniel Headrick, "British Imperial Postal Networks", *XIV International Economic History Conference*, Helsinki, 2006, p. 3.

32） Halford Lancaster Hoskins, *British Route to India*, London, 1928, pp. 101-09.：ス エズ運河開通後も海軍省は、郵便輸送についてはスエズ運河の利用を禁じていた。

33） Royal Meeker, "History of Shipping Susidies", *Publication of the American Economic Association*, 3rd. Series, Vol. 6 No. 3, 1905, pp. 27-29.

34） シリウス号とグレート・ウェスタン号との大西洋横断競争は、当時の汽船の発展 における主要な人物の間での競争であった。シリウス号はイギリス・アメリカ汽 船会社（Britishi and American Steam Navigation Co.）の取締役会の書記官であ ったマグレガー・レアード（Macregor Laird）、グレート・ウェスタン号は、グレ ート・ウェスタン鉄道（Great Western Railway）の主任技師で後にグレート・ブ リティッシュ号、グレート・イースタン号という有名な船の建造者となったイザ ムバード・K. ブルネルである（L.T.C. Rolt, *Victorian Engineering*, Harmondworth, 1974, pp. 85-88）。

35） William Schaw Lindsay, *History of Merchant Shipping and Ancient Commerce*, Vol. 4, London: Sampson Low, Marston, Low, and Searle, 1876, pp. 178-183.

36） Meeker, *op. cit.*, p. 11.：郵便補助金を受けて建造された船舶は、有事における軍 用船として徴用されるため、海軍省は砲弾被害を持ち出して抵抗した。

37） Boyd Cable, *A Hundred Year of the P & O.*, Ivor Nicolson & Watson Ltd., 1937, pp. 243-4.

38） 黒田英雄『世界海運史』成山堂書店、昭和 47 年、72 頁。

39） "First Report From the Select Committee on Packet and Telegraph Contracts", in Parliamentary Papers 1860, XIV (328), quoted in Daunton, p. 146.

40） 山田浩之「イギリス定期船業の発達と海運政策 (1)」『経済論叢』第 87 巻第 1 号、 京都大学経済学会、1961 年、101-109 頁。

41） Howard Robinson, *Carring British Mail Overseas*, George Allen & Uuwin, 1964, pp. 143-144.

42） *Ibid.*, p. 267.

43） *Ibid.*, p. 140.

44） A. Fraser‐Macdonald, *Our Ocean Railways; Or, the Rise, Progress, and Development of Ocean Sream navigation*, London: Chapman and Hall, Ld., 1893, pp. 103, 112, 121.

45） Headrick, *op. cit.*, p. 13.

46） 表 36 で示した 1850 年の郵便補助金額は、75.6 万ポンドであり、1853 年に大蔵大 臣が示した、1850 年代初頭までの金額 85 万ポンドとは相違する。この点につい て調査した結果、1853 年 7 月 8 日付の郵便輸送契約に関する調査委員会（通称カ ニング委員会）の報告書に、「現在まで（報告書作成年度まで）の合計金額は 853,140 ポンド」との記述がある。：British Parliamentary Paper（BPP）1852-53. *Report of the Committee on Contract Packets. with appendices*, 1853, p. 3.

47)　BPP 1852-53 : Appendix（A）, *Report of the Committee on Contract Packets.* with appendices, 1853, p. 45.

48)　後藤伸『イギリス郵便企業 P&O の経営史 1840-1914』勁草書房、2001 年、120 頁。

49)　しかしながら、この勧告にもかかわらず、郵便契約金額の膨張は続き、郵便補助金と郵便料金の収支は当面、釣り合うことにはならなかった。1853 年に契約金として支出されたコストは、87 万 7,797 ポンド、それに対する航用郵便収支は 52 万 1,613 ポンドであったが、1859 年には契約金支出 97 万 7,000 ポンドに対して航用郵便収入は 39 万 3,500 ポンドと、収支はむしろ悪くなった。（Post 29/94 Pkt. 447L/1860 Treasury Minute, dated 16 April 1880.）、一つには、それだけ海外郵便輸送網の拡大と拡充が 50 年代を通してさらになされ、もう一つは、政府の契約当事者であった海軍省が、郵便輸送の収支よりも、軍用に動員できる大型の高馬力船を多数取り揃えることに熱心であったことも考えられる。

50)　Headrick, *op. cit.*, p. 15.

51)　同様に肯定的な見解を示しているのは、R. H. Thornton で「郵便補助金政策は海軍政策と結びつくことによって成功し、郵便輸送蒸気船こそが蒸気船発達の道を切り開いた」という立場に立っている。（R. H. Thornton, *British Shipping, Chapt. 2.*）

52)　黒田、前掲書、72 頁

53)　Meeker, *op. cit.*, p. 11.

54)　*Ibid.*, p. 11. : 最初に郵便輸送を海軍省と契約したペニンシュラ会社との契約内容には、運送サービスの内容を決定する航路（及び寄港地）、配船回数、所要航海時間、及びそれに対する補助金額が明示されている以外に、次のような要求事項が含まれていた。すなわち、「同航路に郵便船として就航する船舶は、6 ポンド、9 ポンド或いは 12 ポンドの大砲、小銃 20 挺、剣 20 振、弾丸・火薬 30 発分を搭載し、且つ海軍士官 1 名を乗船させしめるべきこと」である。P ＆ O が改組後に最初に結んだ契約の際には、新たに郵便船として建造される船舶は、当時イギリス海軍が使用している最大口径の大砲を少なくとも 4 門は搭載できることが要求され、更に必要な場合には海軍がそれらの船を相互に同意する価格で買上もしくは備船出来るということが定められている。

55)　例えば、グレート・ウェスターン会社のグレート・ブリテン号は 1844 年に鉄製スクリュー蒸気船として就役していた。

56)　Lindsay, *op. cit.*, p. 231.

57)　*Ibid.*, p. 300.

58)　後藤伸「スエズ運河と P&O」『香川大学経済学部研究年報 27』、1987 年、200-201 頁。

第5章
スエズ運河の開通とそのインパクト

　スエズ運河の開通は、約400年間続いたヴァスコ・ダ・ガマが開拓した喜望峰経由のインド・東洋航路からの一大変革であった。運河の開通による東洋への距離短縮の重要な点は、「商業の機構、商業の方法、商品の製造と売買に変化を与えるとともに、一般経済の発展を生じさせた」[1]ことである。

　加えて、運河開通直前の、2段膨張機関（compound engine）の発明は舶用蒸気機関の効率を格段に向上させ、自航用燃料炭の積載量の削減にも貢献した。これら二つの出来事は、蒸気船に有利に働いたとともに、帆船時代の終焉を予想させる出来事でもあったといわれている。

5.1　2段膨張機関[2]の発明

　スエズ運河の開通による航海距離の短縮は、蒸気船の自航用燃料炭の削減を可能にし、物資積載容積の増加を可能とした。そして、もう一つの自航用燃料炭の削減が、燃料効率を向上させた新しい舶用蒸気機関である2段膨張機関の発明であった。

5.1.1　2段膨張機関とは

　2段膨張機関発明前までの舶用蒸気機関は前述したとおり、重くて、かつ大きな容積を占有し、多くの石炭を消費していた。また、従来の単気筒の機関では高圧による利益を十分に受けることができないことから、この2段膨張機関は、気筒を大小2個並べることにより、第1の小型気筒で一度ある程度まで膨張してピストンを動かした蒸気が、第2の気筒に導か

れ、ここで再び膨張してピストンを動かすと言うもので、更にこれと同様に第3、第4の気筒に蒸気が導かれ、そこでピストンを動かすようにした機関を3段膨張機関（triple expansion engine）、4段膨張機関（quadruple expansion engine）といい、蒸気の膨張力を十分に活用するとともに、燃料消費量が少なく、且つ大馬力を出すことができた。この舶用機関を最初に考案したのはジョン・エルダー（John Elder）とチャールズ・ランドルフ（Charles Randolph）で、気筒を2個持つ2段膨張機関であった。彼は2段膨張機関に関する特許を1853年に取得しており、翌年この2段膨張機関は蒸気船ブランドン号（Brandon）に装備され、従来の単気筒機関に比べ燃料消費量を20％あまり削減している。2年後には、太平洋汽船会社（The Pacific Steam Navigation Company）の米国西海岸から南アメリカへの航路に投入される、新造外車船インカ号（Inca）とヴァルパライソ号（Valparaiso）に装備された[3]。これら新造船の処女航海で燃料消費量が減少することが実証され、長距離航路においても運賃面においても帆船に対抗できるようになった。

　この2段膨張機関のシリンダ部は、1個の高圧シリンダと1個の低圧シリンダで構成されており、全体構造の断面図を図33に示す。

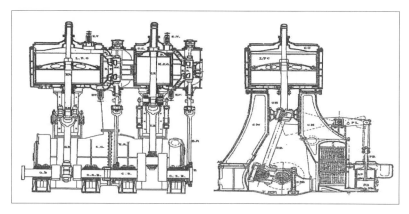

図33　2段膨張機関の全体断面図
出典：上野喜一郎『船の歴史第三巻近代編推進』天然社、1958年、125頁。

5.1.2　Holt 社の快挙と 2 段膨張機関装備の一般化

　2 段膨張機関の発明は、スエズ運河の開通がなかったとしても、帆船か
ら蒸気船への移行を可能にしていたであろう。それは、1865 年に 2 段膨
張機関を装備したアルフレッド・ホルト（Alfred Holt）のホルト・ライン
（Holt Line）社の蒸気船が、リバプールからモーリシャス島間 8,500 マイル
を無補給（ノンストップ）で走破した事実からも明らかであった[4]。また、
船主でもあったホルトは、蒸気船による喜望峰経由での中国航路を 1865
年に開設し、中国茶貿易に参入した[5]。ホルト・ライン社の蒸気船による
喜望峰経由での中国から英国までの航海日数は、表 38 に示すように、こ
れまでのティー・クリッパーの所要日数が 100 日前後であったのに対して
より短日数であった。彼は、1869 年 10 月 13 日の日記に、「今年最大の喜
びとして誇れる出来事は、我が社の中国貿易の蒸気船による中国の新茶輸
送が、ほとんど完全に実行されたことであった」[6]と記述している。こう

表 38　中国貿易におけるホルト・ライン社の航海記録

蒸気船名	茶輸送量 （ポンド）	出発地	出港日時 年・月・日・時間	Gravesend[※1] 通過日時	所要日数
Agamemnon	2,516,600	漢　口	1869. 6. 9, 05：00	8.25　16：30	77
Erl King	1,223,342	漢　口	6. 5, 04：00	8.29　12：00	85
Nestor	1,850,811	上　海	6. 22, 12：30	9.15　21：00	75
Achiles[※2]	2,114,178	福　州	7. 16, 14：00	9.10　12：00	62
Ajax	2,117,393	上　海	7. 8	9.22	76
West Indian	1,214,600	福　州	7. 8, 20：30	9.24　15：00	78

※ 1：Gravesend：イングランド南東部ケント州テームズ川河口に臨む町
※ 2：Lindsay は「1869 年に Achilles 号が、福州からロンドンまでの 13,552 マイル
　　　を 58 日と 9 時間で走破した」と記述している；William S. Lindsay, *History of
　　　Merchant Shipping and Ancient Commerce, Vol. 4,* Sampson Low, Marston,
　　　Low, And Searle, 1876, p. 435.
出典：Francis E. Hyde, *Blue Funnel A History of Alfred Holt and Company of
　　　Liverpool From 1865 to 1914,* Liverpool University Press, 1956, p. 38.（筆者
　　　翻訳）

して、1860年代においては、なお試験装備の域を脱しなかった2段膨張機関であったが、1870年代には広く採用され、まず大西洋航路の蒸気船に一般的となり、1869年のスエズ運河開通後は、東洋航路の蒸気船にも装備されるようになった[7]。これによって、帆船に代わって、蒸気船による物資輸送の時代が到来するのも時間の問題と確信された。ところが、このような状況においても、蒸気船は物資輸送という面では、依然、帆船に後れを取っていた。

5.2 スエズ運河開通の意義

　世界史の中で、人類が7つの海を渡り地球規模で移動を始めたのは、「大航海時代」である。その当時、先進地域であったヨーロッパからアフリカ大陸最南端を越えてアジアへ向かうアジア航路や、北アメリカ大陸や南アメリカ最南端を越えてアジアを目指す西回り航路などが開かれた。その後長い間、これらの航路を利用して貿易が続けられてきたが、ユーラシア大陸とアフリカ大陸の接合部、シナイ半島の付け根に拡がるスエズ地峡と呼ばれる、距離僅か150kmほどしかない起伏の少ない砂漠地帯に水路を穿ち、北の地中海と南の紅海を繋げてしまうことが考えられた。二つの海が繋がると、ヨーロッパ諸国からインドや中国、日本に向かうアジア航路は、アフリカ大陸の南端を大回りする必要が無くなり、航海距離も約半分、距離にして8,000kmも短縮され、世界の海運を大きく変える意義ある出来事で、それは1869年の「スエズ運河」の開通により現実となった。

5.2.1 スエズ運河の竣工

　スエズ運河を開削する場合、技術的な問題の一つが地中海と紅海の水位差であった。当時、まだ紅海の水位は地中海の水位より高いと信じられていた。ル・ペール（Le Pele）は3度にわたりエジプト調査に参加し、1799年11月の3次調査で「紅海の水位が地中海よりも9m高い」と言う結論を出した。これが本当なら、運河を掘って二つの海を自由水面で繋ぐと水は常に北へと流れ、地中海沿岸部は水没してしまう。この9mの水位差

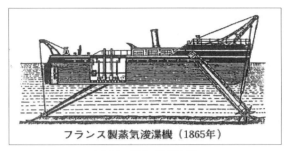

フランス製蒸気浚渫機（1865年）

図 34　蒸気式浚渫機

出典：D. R. ヘッドリク（原田勝正・多田博一・老川慶喜訳）『帝国の手先』日本経済評
　　　論社、1989 年、184 頁。

問題は、その後 50 年あまり、スエズ運河建設の障害となっていた。この
問題は、1849 年、地理学者ポーラン・タラボ（Paulin Talabot）らがこの
地を詳細に測量した結果、なんと二つの海に実質的な水位差がないことを
明らかにした。ル・ペールが 50 年前に、治安の悪化の中で急ぎ行った測
量が、この時初めて誤りであったと結論付けられた。これを受けて、フェ
ルディナン・ド・レセップス（Ferdinand de Lesseps）は、1854 年 11 月に
エジプト副王にスエズ運河開発計画書を提出、1856 年にスエズ運河の工
事が試験的に開始され、1859 年に起工式が地中海側の突端で行われた。
本格工事の開始から 4 年間、運河の開削は殆ど人力で行われ、建設機械の
投入はほんの僅かばかりであった。1860 年、地中海側の出入り口にあた
る場所に新しい港、ポート・サイド（Port Said）が建設されたが、1863 年
を迎えても人力作業による工事は遅々として進まなかったために、レセッ
プスは図 34 に示す蒸気式浚渫機に代表される蒸気動力機械の大量投入に
切り替えている。多くの苦労の後、1869 年 11 月 17 日朝 8 時、大砲と汽
笛が鳴り響き、フランスの皇后ウジェニー（Eugénie de Montijo）を乗せた
王室のヨット、エグル号（Aigle）を先頭に、総計 68 隻の船団がポート・
サイドから開通したばかりのスエズ運河に入った。図 35 は、スエズ運河
を初めて通航する船団を、人々が熱狂的に迎えている様子を伝えるもので
ある。竣工時のスエズ運河は延長 164 km、河底幅 22 m、水面幅 58 ～

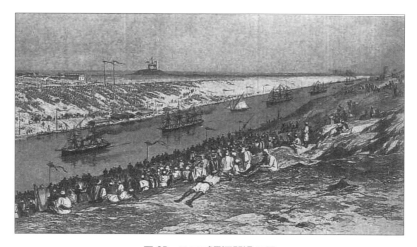

図 35　スエズ運河開通の図

出典：庄司邦昭『船の歴史』河出書房新社、2010 年、74 頁。

100 m、深さ 8 m であった[8]。

　運河の航行には、次のようなスエズ運河通航規則を遵守することが義務付けされていた。内容は、運河通過及びポート・サヒド、ポート・トウフィヒ（Port Tewfik）両港の使用に関することで、入港、水先案内、港内の錨伯、運河通航が可能な船舶の喫水、その速度、停止、繋留、トン税、通行税、夜間通航、曳船等各種の問題にわたっており、さらに補助として種々の施設の賃貸料、船舶トン数計算規定及び信号等にも及んでいる[9]。

　1882 年に、スエズ国際海水運河会社の社長であった、レセップスが承認した運河通航に関する規則[10] は、以下のとおりかなり詳細なものであった。

① 　喫水は、7 m 80 cm（25 ft7ins）を越えないこと。

② 　50 トン以上の帆船は曳航により通航すること、蒸気船は自力航行するか、曳航されること。

③ 　運河通航蒸気船の曳航は、運河会社の強制ではないが、曳船が蒸気船から離脱するまで実行される。

④　通航最高速力は 10 km/h（5.3 mile/h）を厳守すること。

⑤　100 重量トンを超える全ての船舶は、スエズ運河会社の水先案内人を乗船させること。

⑥　船長は、日中及び夜間における航行において、座礁その他の事故の全てを負うこと。

⑦　水先案内人は、運河に関する知識と経験によって船長の職務を代行する。しかし、彼らが、おのおのの蒸気船と蒸気機関に関する特徴や特殊性についての知識に不足がある場合は、機関の発停に関すること、操縦に関すること等について、船長に委ねることができる。

⑧　スエズ運河を通航するために、ポート・サイドまたは、ポート・トウフィヒに錨泊する場合は、船長による次の内容を書面にて報告すること。書面には、船名、船籍に加えて、船長の氏名、船主の氏名及び傭船元、出港地及び目的地、喫水、乗船者名簿による乗船者数、航海計画及び乗員名簿、運河通航のために建造された船体容積、或いは 1873 年にコンスタンチノーブルで取り決められた国際トン数協会の規則に則った船舶登録記録を提出すること。

⑨　運河会社は、郵便運搬船をできるだけ早く通航させるために、また、各船の出港時刻及び通航の安全確保のために、行き違いのための停泊場所を指示する。よって、通航する船は、通航順序に関して要求する権利はなく、のみならず当初の航海計画の遅れに対する苦情についても受け付けられない。そして、政府契約による定期郵便輸送蒸気船は、優先的に通航の日時を予約することが保障されており、それらの船は、前檣のトップに「P」（Post を意味する）と言う文字を中央に染め抜いた青い旗を掲揚することを義務付ける。

⑩　さらに、夜間に通航するためには、次のような仕様の電気式投光器の装備が要求される。夜間に運河を通航する蒸気船は、運河に入る前にポート・サイドまたはポート・トウフィヒの運河会社の監督官の検査及び許可を得る必要がある。第 1 は、1,200 m 先を照らすに十分な投光器を有していること、その投光器は可能な限り水線に近

い位置にあること、第2は、電気式傘付電灯が上甲板以上のところに装備されていること、そして直径約200 mの範囲を照らすに十分な能力があること。

⑪ 電灯を装備していない蒸気船の航海が夜間までかかる場合、例外的な事情として認められるが、船長は、自船の遅れ、災難、被害、及び移動中に自船に起こったと同じ被害が他船に起こった場合の損害賠償、或いは運河にある運河会社の船舶や施設に対する事故について、全ての責任を負うことの確約を示した書面を提出しなければならない。

⑫ 帆船とボートの夜間航行は完全に禁止する。

⑬ コンスタンチノープルで開催された国際委員会で決められた計測方法によって出された、あるいは資格のある権威によって発行された証明書、あるいは船舶の公的書類に記録された純トン数を根拠に、トン当たり9フランの通行税が課せられる。

⑭ バラストについてはトン当たり2フラン50センチーム軽減される。

⑮ 12歳以上の乗船者は、1人当たり10フラン、3歳から12歳までの乗船者は、5フランが運河に入る前に徴収される。

⑯ 運河会社の曳船の使用料は、帆船の場合、400トン及びそれ以下の場合は1,200フラン、400トン以上の場合は、最初の400トンに対して1,200フランそれ以上のトン数に対してはトン当たり2フラン50センチームが加算される。蒸気船の場合は、400トン以上は区別なくトン当たり2フランを徴収する。但し、自前のスクリュー推進に加えて、曳船の支援を整えた場合とする。

⑰ 400トン以下の蒸気船で、自前のスクリュー推進を使用しない場合は帆船と同じ金額を徴収する。

5.2.2　スエズ運河が海運業に与えた影響

　スエズ運河の開通は、東洋への貿易航路を喜望峰経由から地中海を通航する旧来の航路へ変更させた。このことは、地中海諸港の再生と物流の変

化をおこし、海運業界における物流システムにも影響を与えた。

　400年前のヴァスコ・ダ・ガマの喜望峰経由によるインド航路の開拓は、貿易ルートの革命のみならず商業の中心地にも非常な影響を与え、ヴェニスといったそれまで地中海交易で栄えた都市は衰え、スペインやポルトガルといった大西洋に面した国の港が優位[11]となった。ところが、スエズ運河の開通によって、蒸気船は東洋への航路を喜望峰経由ではなくスエズ運河経由の地中海航路に変更し、さらに、これら蒸気船は、2段膨張機関の装備によって、物資の輸送が可能となったため、「イタリアや南フランス等の港湾都市が、物資の中継地として新しい地位を得、地中海が再び貿易の中心となり、西ヨーロッパの港は世界の商取引における主要な地位を失うであろう」[12]と大胆に予想され、一時的にイギリスの市場に少なからぬ打撃を与えた。しかし、この予想は、かなり限られたものでもあった。なぜなら、インドの米やジュート、オーストラリアのウール、ビルマの米等の生産品と原料というような東洋からの物資の中継地として、地中海の諸港が重要性を帯びてきたが、当時のイギリスは、世界第一の商船隊を有していたばかりでなく、製造業における主導的な国であったため、その製造品は世界の全ての港に輸出され続け、地中海諸港の復活は否定できないものの、スエズ運河という新しい輸送航路の出現によっても、それほど影響は受けなかった[13]。

　しかし、スエズ運河による東洋との航海日数の短縮と、その後の電信による西洋とインド及び中国との通信回線の設置は、後の商人と需要家に対して正確な補給計画を可能にし、東洋からの物資を保管する大きな貯蔵庫（warehouse）の必要性を減じ、イギリスの物資集積地兼中継地としての、貯蔵庫による保管システム（warehouse system）を終わらせ、それに従事していた全ての労働力と、全ての資産、そして銀行業の役割を終わらせ、イギリスの物資補給の集中地点としての役割をも終わらせた[14]。例えば、オーストリアがインドの生産物を欲した場合は、従来は、まずイギリスの貯蔵庫にインドの生産物が集められ、そこからオーストリアへ運ばれていたが、スエズ運河の開通によって、途中のイタリア（19世紀当時はオース

トリア）のトリエステ（Trieste）で受け取ることができ、イタリアの場合はヴェニスあるいはジェノバ、フランスの場合はマルセイユ、スペインの場合はカジズで、というように中継地がイギリス以外の港湾都市に移行した。1871 年当時インドの輸出総額は 5,755 万 6,000 ポンドで、その内の約54％の 3,073 万 7,000 ポンドがイギリスに向けられていたが、1885 年にはインドの総輸出額 8,508 万 7,000 ポンドのうち、イギリス向けは約 37％の3,188 万 2,000 ポンドに減少している。また、同時期の関連するインドへのイギリスの輸出の損失額は、150 万ポンドを下らなかった[15]。

　もう一つのスエズ運河の開通による影響は、イタリアの米の生産であった。長年の間、米はイタリアが主生産国であったが、運河の開通によって1878 年以降ビルマや他の東洋からの米をイタリアを含めた他の南ヨーロパ諸国が輸入し始め、これらの増加によって、かつての米の輸出国イタリア一国においても、その輸入量は 1878 年の 1 万 1,957 トンから 1887 年には 5 万 8,095 トンに増加している。フランス、イタリアそして他の地中海の港における東南アジア（主としてビルマ）からの米の輸入量は、1878 年が 2 万トンであったのに比較して、1887 年に 15 万 2,147 トンに増加している[16]。この事実は、スエズ運河の開通によって、米の輸出国であったイタリアは米の輸入国になったことを示し、それだけイタリアの農業に打撃を与えたことを意味している。

5.2.3　航海距離の短縮とその影響

　スエズ運河の開通による最も重要な点は、一部の航路を除き航海距離が喜望峰経由に比べ表 39 に示すように、大幅に短縮されたことであった。運河の開通は、特に蒸気船にとっては有利に働いた。帆船にとっては、運河通航は経費的にも安全の面でも問題が多かったため、運河を利用する船舶はほとんどが蒸気船であった。このため、船主は、費用対効果による利用する船種の選好を行うようになった。

　この航海距離の短縮は、給炭間隔距離も 5,000 マイルから 2,000 マイルに短縮させ[17]、自航用燃料炭積載量の削減を可能にし、物資格納容積を増

表 39　ロンドンを起点とした海上距離　　　（単位：マイル）

目　的　地	喜望峰経由	スエズ運河経由	節約距離	短縮率（％）
ボンベイ	10,719	6,274	4,445	41
カルカッタ	11,730	7,900	3,830	33
シンガポール	11,417	8,241	3,176	28
香　港	13,030	9,681	3,394	26
上　海	13,781	10,441	3,349	24
横　浜	14,287	11,112	3,175	22
シドニー	12,530	11,542	988	8
メルボルン	12,220	11,057	1,163	10

出典：Adam W. Kirkaldy, *British Shipping*, E. P. Dutton Company, 1914, p. 330, 600, 601. より作成

大させた。このため、蒸気船建造ブームが起こり、帆船の建造は抑制された。1860 年代後半に建造量の 2/3 を占めていた帆船の建造量を、1871 年及び 1872 年に 15％に減少させている[18]。しかし、短縮率が小さかったオーストラリア航路、炭坑から遠く離れた地域、及び自航用燃料炭が総積載トン数の 1/4 以上を占める地域との交易は、依然として帆船が優位を占めており[19]、これらの地域への物資輸送は帆船が利用されていたうえに、後述するように、帆船の運航効率の向上と運賃の低減という経営努力によって帆船は見直され、その後も長距離物資輸送手段として帆船が利用された。そして、一部の航路においては 20 世紀初頭まで帆船による輸送が続けられていた。

　短縮率の小さかったオーストラリア航路における蒸気船の利用は、わずかなものにとどまった。1882 年のイギリスの貿易報告書によれば、「1880 年にスエズ運河を経由してオーストラリアからイギリスへの蒸気船による輸入量は 17％で、イギリスからオーストラリアにスエズ運河経由での蒸気船による輸出量は 1.5％であった」[20]と記されている。オーストラリア航路の場合は、喜望峰経由に比較して、スエズ運河を利用することによる距離の短縮は、ほんのわずか 100 マイル以下であった。1880 年代、この

わずかな距離の短縮のために、英国のオーストラリアからの輸入の 1/6 が高額なスエズ運河を使用したということは、経費の観点からすれば異常に見え、その後の急速な増加傾向も同様に異常に見える。この理由として、オーストラリアからイギリスへの喜望峰経由の航海は、西向きの貿易風と海流によって、船舶が南アメリカ方向に押しやられ、蒸気船でも航海日数が 9 〜 10 日長くかかるという特有の気象・海象に起因していたと思われる。1870 年代末の、オーストラリアへの蒸気船航路の延長時に、すでに蒸気船はオーストラリアへの往路（輸出時）は喜望峰経由で航海し、イギリスへの帰路（輸入時）はスエズ運河を利用していた。そして、1887 年までにオーストラリアとの貿易の約 1/3 が運河を利用するようになった[21]。このように、スエズ運河の利用は、短縮率が小さな場合でも、経済的観点からスエズ運河が利用されるようになっていた。そして、オーストラリア貿易においては、1890 年代中頃に羊毛輸送が蒸気船に代わったものの、小麦の輸送については 19 世紀末まで帆船が担っていた。

5.3　スエズ運河開通後の蒸気船と帆船

　スエズ運河の開通は、上述したとおり蒸気船にとって有利に働き、帆船にとっては不利に働いたが、その影響がどのようなものであったのかについて詳細にみてみる。

5.3.1　蒸気船に与えた影響—いわゆる「スエズ・マックス」問題—

　スエズ運河の開通以後、新たな蒸気船建造ブームが起こっている。この状況を、英国における帆船と蒸気船の建造数と船腹量でみると表 40 のようになる。新造帆船は、隻数・船腹量共に 1866 年までは横ばいあるいは若干の増加傾向であったが、1867 年以降減少し、1873 年以降は再び増加に転じている。一方、新造蒸気船は、運河開通前後で 2 倍近くの増加を示し、蒸気船建造ブームが起こっていたことを示している。なお、1869 年の蒸気船の建造数がそれほど増加していない理由は、多くの造船所が 1869 年末までは依然として帆船だけを建造していたことによる。

表40　英国における帆船と蒸気船建造数と船腹量の推移（単位：トン）

年	帆　　船		蒸　気　船		年	帆　　船		蒸　気　船	
	隻	純トン数	隻	純トン数		隻	純トン数	隻	純トン数
1853	645	155,000	153	48,200	1870	541	117,000	433	235,700
1855	865	242.200	233	81,000	1871	472	56,500	470	297,800
1857	1050	197,600	228	52,900	1872	408	55,000	503	338,000
1859	789	148,000	150	38,000	1873	418	88,500	396	282,100
1861	774	130,000	201	70,900	1874	499	187,300	482	333,900
1863	881	253,000	279	108,000	1875	566	241,600	357	178,900
1865	922	235,600	382	179,600	1876	687	236,900	320	123,500
1866	969	207,700	354	133,500	1877	703	212,300	389	221,300
1867	879	174,500	279	94,600	1878	585	141,200	499	287,100
1868	787	237,700	232	78,500	1879	395	59,100	412	297,700
1869	688	230,800	283	123,500	1880	348	57,500	474	346,400

出典：B. R. Mitchell 編（犬井正監・中村壽男訳）『イギリス歴史統計』原書房、1995
年、420-421 頁より作成。

　しかしながら、この蒸気船建造ブームの内容を詳細に見てみると、この
ブームが一過性のものであることがわかる。すなわち、スエズ運河開通ま
でに運航されていた大型の蒸気船は、スエズ運河を通航するには大きすぎ
ることがしばしばであったため「多くの船主は、スエズ運河の優位性を
100％利用するために、すでに運用していた数千トンの蒸気船を継続して
使用せずに解体し、運河通航条件にあった新たな蒸気船を建造し始め、東
洋との貿易（Eastern trade）における旧来の海運業者は、条件に合わない
およそ10万トンの蒸気船を廃棄し、2段膨張機関を装備した新造船に取
替えた」[22]。このことが蒸気船建造ブームをもたらしたと考えられ、ブー
ムが一段落すると再び帆船の建造が増加している。
　また、開通前にすでに運河通航条件に合った蒸気船を建造していた船主
もいた。「リヴァプールの Merchant Trading Company は、スエズ運河
通航によって東インド交易での大儲けをたくらみ、スエズ運河開通前に条

件に合う蒸気船ブラジリアン（Brazilian）号を建造していた。このブラジリアン号は、船長400フィート（約120 m）、喫水は20フィート（約6 m）弱の2段膨張機関を備えた蒸気船で、スエズ運河開通と同時に運河通航を計画されていた。しかし、ポート・サイド入港時の検査で積荷が多すぎ通航を許可されず、積荷の半分を降ろすことになり、スエズ運河と蒸気船を軽蔑していたリバプールのThomas & John Bloklebank社を、大いに喜ばせた」[23]というような逸話も残っている。

スエズ運河の開通によって大量に建造された蒸気船は、水深8 m、底幅22 m、最大許容喫水7.5 mのスエズ運河を通航できる寸法（いわゆる「スエズ・マックス」）の仕様で建造された。この仕様に基づく新造船は、スクリュー・プロペラと開通直前に効果が実証されていた2段膨張機関を装備し、船体に鋼材も使用され始めていた。しかし、その造船技術は、開通前までの造船技術を踏襲したもので、運河の開通によって革新的な造船技術が講じられた形跡は認められなかった。即ち、エンジン、汽罐、石炭庫が船底の非常に大きな部分を占め、鋼材の使用によって強度が向上したにもかかわらず、船体強度部材であるフレーム（肋骨）の間隔や、ビーム（梁）の形状等、船体設計における構造的な形状・配置には何ら根本的な変化はみられなかった[24]。ヒューズ（J. R. T. Hughs）は、既に1860年以前にイギリスには鉄で建造され、スクリュー・プロペラ推進の蒸気船が存在していたことを、彼の論文[25]で明らかにしており、彼はまた、「1869年以降の蒸気船建造ブームにおける造船技術は、以前から既に開発されていた技術を最大限利用したもので、新しい技術の進歩はなかった。なぜなら、1860年以前に存在した英国の蒸気船は、その60％が1854年から1860年の間に建造されており、それらの85％が鉄製蒸気船で、70％がスクリュー・プロペラ推進であった。」[26]と述べている。

5.3.2 帆船に与えた影響

帆船にとってスエズ運河の開通は、どのような意味があったのであろうか。帆船がスエズ運河を利用するためには、次のような問題があった。

　スエズ運河開通当時の運河通航に対する帆船の不安は、危険な暗礁と向かい風が強すぎる紅海の航行であった。このために、帆船は運河通航料の他に、かなり高率の海上保険料を負担せねばならなかった。即ち、喜望峰経由の場合の保険料は 3％まであったのに対し、紅海経由は当初 10 ～ 15％であったが、その後 18％にも上った。これは帆船のスエズ～紅海経由という航路を採ることを著しく妨げた。その上、運河通航料の他に、付属港湾の航行料、水先案内料、曳船料、牽船料及び碇泊料があり、かなりの額になった[27]。

　当初、レセップスは早い時期に通航料の価格低減を考えていたが、運河竣工後の収益が非常に悪かったこと、運河そのものの改修・維持に要する費用の捻出もあり、開通後数年間の船舶の運河通航料は高額化傾向にあった。このため、運河竣工の 1869 年 12 月 1 日から 1875 年 4 月 1 日の間にスエズ運河を利用した 5236 隻の船舶のうち、帆船は僅か 238 隻で、全体の 4.5％であった[28]。

　また、スエズ運河を通航する帆船の危険性を実証した例として、スエズ運河を最初に通航した、フランスの帆船ノエル号（Noel）の海難事故がある。ノエル号はスエズ運河を曳船に曳かれ無事通過したが、スエズから南へ 86 マイル離れた深夜の紅海において難破している[29]。このような海難事故もあり、帆船による東洋への航路は喜望峰経由が優先され、航海距離短縮率が小さな一部の航路を除いて、蒸気船の優位性が明白となりつつあるように思われた[30]。加えて、1866 年には、これまで蒸気船の運航は経済的に不可能とされていた喜望峰経由の英国～中国航路にまで、2 段膨張機関を装備した蒸気船が進出し、帆船船主にとっては更なる脅威となった[31]。ところが、前出の表 40 に見られるとおり、運河開通後も新造帆船は増加しており、1875 年になってようやく減少傾向を示している。この増加は、運河開通以前に建造中であった帆船が就役したことも考えられるが、蒸気船の建造数が急増した点のみに注目し、スエズ運河の開通が帆船から蒸気船への分岐点であったとする根拠にするには、短絡過ぎると思える。

153

5.4　帆船の延命とインフラストラクチュアの整備

　舶用蒸気機関の進歩とともに、蒸気船は世界各地に運航されるようになり、自航用燃料炭の補給が問題となった。この解決のために蒸気船会社は、それら船舶との連絡と給炭・給養を兼ねた基地を世界各地に整備し始めた。また、効率的運行のために港湾設備の整備も行われ、各種の機械装置類の導入が実施された。

5.4.1　給炭基地の整備

　1850年代に発明された、燃料効率の良い2段膨張機関の装備によって、蒸気船は自航用燃料炭の積載量の削減が可能となったが、石炭補給なしに数千マイルの航海を行うには、相当の自航用燃料炭の積載が必要であり、物資の積載容積は数百トンにならざるを得なかった。

　このため、舶用蒸気機関の更なる改善と航海距離の短縮が要求された。スエズ運河の開通は、東洋航路の距離短縮の解決策の一つであった。一方、更に燃料効率の良い舶用蒸気機関の開発には、今しばらく時間が必要であり、このための対応策として、石炭補給基地（coal station：以下給炭基地という）の整備が進められた。

　蒸気船を運航していた民間の海運会社は、自社の蒸気船の運航のために独自の石炭貯蔵基地を航路上に整備し始めた。一方、イギリス海軍も、海上貿易（海上交通路）におけるイギリス権益の防衛、奴隷貿易の取り締まり、測量・海図作成、自由貿易の軍事的強制（砲艦外交）及び植民地の保護と利権確保のための、多くの艦隊を世界各地に派遣・作戦行動をしていた。このために図36に示すように海外に多くの給炭基地を整備し、その給炭基地のいくつかは、艦艇整備用のドックを有した海軍基地としても機能し、今日でも海外海軍基地として利用されている。

　民間の海運会社の一つであるP＆O汽船会社の場合、スエズ運河開通後表41に示すような割合で「合計約9万トンの石炭を、常時各地の給炭基地に分散貯蔵しておかねばならなかった」[32]。また、P＆O汽船会社は、物資及び石炭備蓄用の船3隻、フォート・ウィリアム号（Fort

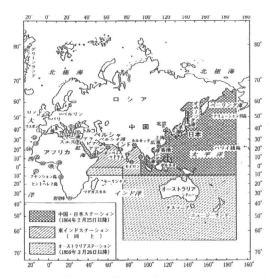

①リスボン②ジブラルタル③マルタ島④コルフ⑤コンスタンチノープル⑥黒海⑦サイロ
ス島⑧スミナル⑨スエズ⑩ペリム⑪アデン⑫マディラ諸島⑬テネリフェ諸島⑭ベルデ岬
諸島⑮バサースト⑯シエラ・レオネ⑰アセンション島⑱セント・トマス島⑲フェルナン
ド・ポー島⑳セント・ポール・デ・ロアンダ㉑喜望峰㉒クリアムリア㉓ボンベイ㉔マド
ラス㉕ツリンコマリー㉖カルカッタ㉗ペナン㉘シンガポール㉙ラブアン島㉚香港㉛上海

図 36　英国海軍が整備した給炭基地

出典：横井勝彦『アジアの海の大英帝国―19 世紀海洋支配の構図』同文館、1988 年、
　　　154 頁。

表 41　Ｐ＆Ｏ汽船会社が整備した給炭基地と石炭貯蓄量

給炭基地	貯炭量（トン）	給炭基地	貯炭最（トン）
サザンプトン	2,000	カルカタ	4,000
マルタ	5,000	シンガポール	8,000
アレクサンドリア、スエズ	6,000	香港	10,000
アデン	20,900	上海	6,000
ボンベイ	8,000	横浜	2,200
ボアン・ド・ガル	12,000	キング・ジョージス・サウンド	4,000
マドラス	500	シドニー	1,200

出典：W. S. Lindsay, *History of Merchant Shipping and Ancient Commerce, Vol. IV*, S.
Law, Marston, Low, And Searle, 1876, p. 409.（翻訳）

William)、ラーキンズ号（Larkins）そしてティプツリー号（Tiptree）を、自社の海外施設である香港、キング・ジョージ湾（King George's Sound）及び横浜に常駐させている[33]。

5.4.2　給炭基地への石炭輸送

　世界各地に整備されたこれら給炭基地への石炭輸送はどのようにして実行されたのであろうか。基地の近くに石炭が産出したとしても、その石炭が舶用蒸気機関にとって燃焼効率で劣っていた場合は使用されなかった。事実、多くのイギリスの蒸気船は、高額ではあったが、高品質で燃焼効率の良いイギリスのウェールズ産無煙炭を使用していた。当時のイギリスの石炭輸出量は表42に示すように推移し、スエズ運河開通直後の1870年には1,116万2,000トンであったのが、1895年には3,171万5,000トンに増加し、スエズ運河の開通によって蒸気船の世界規模での展開が推察される。

　そして、これらイギリス炭の輸送は、蒸気船ではなく、ほとんど全てを帆船に頼っていた。特に、P＆O汽船会社は表41に示した世界各地の給炭基地への石炭輸送業務に、年間170隻以上の帆船が従事していた[34]。このことは、イギリス海軍においても同様であったと思われる。皮肉なことではあるが、このように蒸気船の世界的な運航は、実は帆船に支えられていたことになる。また、この石炭輸送が、帆船の輸送量における優位の維

表42　英国の石炭輸出量（単位：1,000トン）

年	輸出量	年	輸出量
1850	3,212	1880	17,891
1855	4,763	1885	22,710
1860	7,050	1890	28,738
1870	11,162	1895	31,715
1875	13,979	1900	44,089

出典：B. R. Mitchell編（犬井正監・中村壽男訳）『イギリス歴史統計』原書房、1995年、257頁より作成。

持に貢献していたことも明らかである。

5.4.3　港湾設備の整備

　港湾設備の整備状況について、ジョン・マカロフ（John McCulloch）は「船の荷を揚げ降ろしするためのドックや、蒸気起重機（steam-hoisting machines）や、岸壁まで延びたコンベアーの使用によって、積荷の荷揚げ及び積込み作業の迅速化がはかられ、また、気象に影響されずに船を敏速に繋留場所に曳航し、そしてそれを海に引き戻す蒸気曳船の使用等によって、4隻の船によってなされる程度の仕事を3隻で行うことが可能になった」[35]と述べている。これらの設備は、港における停泊期間の短縮を可能にし、出港回数の増加が図られた。特に帆船にとっては、停泊期間の短縮と効率的運航が可能となり、生産性が向上し運賃の低減につながった。19世紀末に出版された図書から、当時の岸壁に整備された蒸気起重機を図37に、岸壁まで延びたコンベアーを図38に示す。

　図39は、当時の岸壁の活況の状況を示した写真で、手前に蒸気ボイラー（ドンキー・ボイラー）と蒸気ウィンチ及び、石炭運搬車両用のレールが

図 37　岸壁に据えられた移動可能な蒸気起重機

出典：F. Dye, *Popular Engineering*, E. & F. N. Spon, 1895, p. 110.

図 38　岸壁まで延びたコンベアー

出典：F. Dye, *Popular Engineering*, E. & F. N. Spon, 1895, p. 296.

図 39　当時の岸壁の状況（メルボルン近郊）

出典：David R. MacGregor, *Fast Sailing Ship*, Naval Institute Press, 1973, p. 157.

見える。

5. 4. 4　輸送手段にたいする海運業者の選好

　スエズ運河の開通による東洋への航海距離の短縮は、蒸気船による物資輸送の利便性を高めたのは事実である。そして、経済性を第一に優先する海運業者は、輸送する物資の種類や緊急性によって利用する船種の選好を

表 43　航海距離と年代における積載重量※ 1,000 トン当たりの純トン数※※

年	1,000 マイル	2,000 マイル	3,000 マイル	6,000 マイル	12,000 マイル
1850	915 トン	835 トン	750 トン	500 トン	0 トン
1860	930	870	805	615	230
1870	960	920	895	785	555
1880	970	940	915	830	650
1890	975	950	925	855	705

※積載重量（Deadweight Capacity）：燃料、貨物、人員等、船に積載し得る全ての載
　貨トン数
※※純トン数（Cargo Capacity）：直接商売用に使用する容積トン数
出典：Charles K. Harley, "British shipbuilding and Merchant shipping: 1850-1890",
　　　The Journal of Economic History, Vol. 30, No. 1, March 1970, p. 264.（翻訳）

行うようになった。

　一方で、舶用蒸気機関の進歩は、燃料効率をさらに向上させ、航海距離
の延伸効果をもたらし、自航用燃料炭の積載量の更なる減少も可能にし
た。このため、海運業者は、輸送距離による採算性をもとに利用する船種
を選好するようになった。この船種の選好は、19 世紀後半以降、すでに
述べたように、蒸気船の高い運賃では採算がとれない嵩高物資の輸出入が
急激に増大しつつあったからである。その第 1 は、前述の世界各地に散ら
ばった給炭基地への石炭輸送であり、第 2 は、産業革命の進行によって生
じた各種の原料の輸入増加であり [36]、第 3 は、ヨーロッパの穀物市場に構
造的変化を引き起こすに至った新大陸・オーストラリア方面からの穀物輸
入の急増であった [37]。表 43 は、航海距離と年代における積載重量 1,000
トンあたりの純トン数の変化を示したもので、年代が経過するに従い純ト
ン数が増加していることが分かる。また、図 39 は、商業用に割り当てら
れる積載量（純トン数）が距離とともにどれ程少なくなるかを、表 43 を
基に当時の経済史家が計算した結果を示したものである。載貨量が約
75％を下回る（4 分の 1 以上を自航用燃料炭が占める）と、蒸気船は帆船に
太刀打ちできなかった。しかし、舶用蒸気機関の効率が良くなり燃料の消

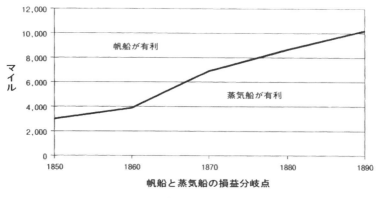

図40　帆船と蒸気船の採算性

出典：Charles K. Harley, "British Shipbuilding and Merchant Shipping: 1850-1890", *The Journal of Economic History*, Vol. 30, No. 1, March 1970, p. 264 掲載の Table-1 より算出。

費量が削減されるに従って、蒸気船も採算がとれる距離を延ばしていった。

　石炭補給が困難な遠方からの物資の輸送は当然のこと、物資の種類では、季節や速度に影響されない大量で嵩高い安価且つ重量のある物資、例えば、オーストラリアからの羊毛と小麦、インドの米とジュート、アメリカ西海岸からの穀物、チリからの硝石などの物資の世界的な移動は、帆船に新しい活動の場を与えるとともに、帆船を延命させた。

5.4.5　帆船の側での経営努力

　前述の5.3.1項の、表40からも見られるように、運河開通直後に蒸気船建造ブームに伴う新造船建造隻数及び船腹量の大幅な増加が起こっているが、1873年以降、新造蒸気船建造隻数及び船腹量の増加の伸びは停滞或いは低下傾向にあった。一方、帆船の建造隻数は開通当初こそ大きく減少したものの、1873年以降は増加に転じ、その後も微増を続け、物資輸送量においても優位を維持していた。この帆船の優位を維持させた要因

は、以下のとおりである。

　すでに第 4 章で論じたように、帆船の技術改良は運河開通以前にも進められていたが、運河開通後も、帆船の建造数が増加傾向にあった要因として、乗組員の労働環境を悪化させることなく、また航行の安全を損なうことなく、現装備機器の機械化、高信頼性化を実現させる努力を継続して行ったことがあげられる。

　従来全てを人力に頼っていた各種甲板作業が、複雑な滑車機構から歯車機構に変更され、蒸気動力機械の導入は、安全性向上と省人化を可能とした。その例としてリチャード・テーミスは「蒸気動力ウィンチを装備した木鉄交造船は、これまでの木製帆船に比べてより強力で性能が高く、乗組員はより広い範囲の帆を操り、より多くの荷物を取扱うことができ、当時の同じ規模の蒸気船に比べても約半分以下の乗組員で運用された」[38]と述べている。また、グラハムは、「継続して帆船を建造していた、テムズ川（Thames）とクライド（Clyde）川の造船所の約 1,200 重量トンの標準型帆船には、桟橋や、帆の揚げ降ろし、そして錨の揚げ降ろしに使用し、船員の労働力の軽減を可能にするウィンチのような、最新の蒸気機械で一杯であった。またチェイン・ケーブルも一般的に使用され、ついには経年変化の少ない鋼のワイヤー・ロープ、鋼の帆柱、そしてヤードと続き、これらは全て比較的少人数の乗員（約 1/3）で、帆船のより無駄のない作業を可能にするためのものであった」[39]と述べており、帆船に新たに装備された蒸気動力機械等は、効率的な運用と輸送能力の向上に大きく寄与した。

　省人化蒸気動力機械として、前出の蒸気動力揚錨機、蒸気動力ウィンチの装備や、前出の縮帆を容易にしたカニンガムズ・システム等が挙げられる。信頼性向上の例としては、複雑な滑車や木製歯車機構に代わる鉄製（鋼製）歯車機構による手動巻揚機への変更、腐りやすい麻ロープに代わる鋼製ワイヤーの使用等が挙げられる。これら技術の更なる改善と利用拡大が更なる運賃の低減に貢献し、蒸気船との運賃低減競争でも優位を維持し続けた。

　また、造船用の鋼が安価に手に入るようになり、造船業者が鉄から鋼の

使用に変更したのが 1884 年頃のことであり、加えて高圧に耐え得る鋼を使用した全鋼製高圧ボイラの完成が 1880 年代中頃まで遅れたことも、1870 年から 1880 年代の帆船の繁栄を助けたと言える[40]。

　さらに、蒸気船は、停泊中でも各種機器の作動のために石炭の消費が生じることから、停泊時間をできるだけ短縮し、入出港を多くすることによって生産性を高め、利益を得る必要があったが、帆船は、仕事がない場合でも、その大きな船倉を利用した倉庫としての利用価値があるとともに、給炭基地が整備されていない地域においては、帆船そのものが移動給炭基地として利用されていた[41]。

第 5 章の注

1 ）　John A. Fairlie, "The Economic Effect of Ship Canals", *Annals of the American Academy of Political and Social Science*, Vol. XI, January 1898–June 1898, p. 54.

2 ）　2 段膨張機関の英語訳は "compound engine" であり、連成機関とも翻訳されているが、3 段及び 4 段の場合の英語訳は "expansion engines" であることから、本論文では「連成機関」ではなく「2 段膨張機関」とした；2 段膨張機関の最初の発明者は、ジョナサン・カーター・ホーンブロワー（Jonathan Carter Hornblower）で、1781 年に特許を取得、数年後にいくつかの機関を製作したが、ワットが 1769 年に取得した分離凝縮器（separate condenser）の特許を侵害しているとの訴えによる特許争いに敗れ、製作をやめている。1800 年にワットの特許が失効したことにより、アーサー・ウルフ（Arther Woolf）がホーンブロワーの仕事を引き継ぎ、イギリスとフランスで 2 段膨張機関を製作している；Edger C. Smith, *A Short History of Naval and Marine Engineering*, Babcock And Wilcox LTD., 1937, p. 177；ただし、舶用の 2 段膨張機関は、ジョン・エルダーの発明である。この製作が可能となったのは、ボイラの改良と表面復水器（surface condenser）によって高圧の蒸気が得られるようになったためであり、特に、従来のワットの噴射復水器（jet condenser）に対して、表面復水器は蒸気を冷却用海水と混合することなく、真水によるボイラへの給水を可能にしたため、ボイラの腐食が防止され、安全に高圧の蒸気が作られることになった。(*Ibid.*, pp. 153-156.)

3 ）　*Ibid.*, p. 179.

4 ）　C. E. Fayle, *A Short History of the World's Shipping Industry*, London, G. Allen & Unwin Ltd., 1933, p. 241. 及び、Max E. Fletcher, "The Suez Canal and World Shipping, 1869–1914", *The Journal of Economic History*, Vol. 18, No. 4, 1958, p. 563.

5 ）　Fletcher, *op. cit.*, p. 557.

6)　Francis E. Hyde, *Blue Funnel: A History of Alfred Holt and Company of Liverpool from 1865 to 1914*. Liverpool University Press, 1956, p. 38.

7)　William S. Lindsay, *History of Merchant Shipping and Ancient Commerce*. Vol. 4, London: Sampson Low, Marston, Low, and Searle, 1876, pp. 434-437.

8)　山田耕治「二つの海を繋ぐ古代からの夢スエズ運河」土木遺産の香第 47 回、Civil Engineering Consultant Vol. 243、2009 年、58-61 頁：現在のスエズ運河は、河底幅 75~100 m、水面幅 100 ～ 135 m、深さ 12 ～ 13 m である。

9)　今尾登『スエズ運河の研究』有斐閣、1957 年、152-153 頁。

10)　R. J. Cornewall-Jones, *The British Merchant Service*, London Sampson Low, Marston & Company, 1898, pp. 315-317.

11)　Adam W. Kirkaldy, *British Shipping Its History*, Organization and Importance, London, Kegan Paul, Trench, Trübner & Co., Ltd. 1914, pp. 313-314.

12)　*Ibid.*, p. 314.

13)　*Ibid.*, p. 315.

14)　貯蔵庫の必要性についてフェアリーは、帆船によるインドから喜望峰経由の物資輸送では、最も良い時期の場合でも確実な予測はできず、1 カ月から 2 カ月の誤差が生じ、卸売業者の要求に応えるためには大きな倉庫に常時物資を貯蔵しておく必要があった。ところが、スエズ運河を利用する蒸気船による輸送では、通常 30 日の航海でその誤差は 1 日以内であったため、貯蔵庫の必要性はなくなった（Fairlie, *op. cit.*, p. 61）。

15)　D. A. Wells, *Recent Economic Changes* quoted in B. Rand, *Economic History since 1763*. pp. 301-302.

16)　*Ibid.*, p. 308.

17)　Gerald S. Graham, "The Ascedancy of the Sailing Ship 1850-85", *The Economic History Review*, New Series, Vol. 9, No. 1, 1956, p. 81：スエズ運河開通前は、インド航路における最初の石炭補給基地はケープタウン（5,000 マイル）でありそこまでの自航用燃料炭の搭載が必要であったが、スエズ運河開通後は、ポート・サヒド（2,000 マイル）まででよくなった。

18)　Charles K. Harley, "The Shift from Sailing Ships to Steamships, 1850-1890: A Study in the Technological Change and Its Diffusion", *Essay on a Mature Economy: Britain after 1840*, 1-3 September 1970, p. 224

19)　D. R. Headrick. *The Tools of Empire: Technology and European Imperialism in the Nineteenth Centry*. Oxford University Oress, 1981, pp. 168-169：ウィリアム・バーンスタイン（鬼沢忍訳）『華麗なる交易』日本経済出版新聞社、2010 年、410 頁。

20)　Parliamentary Papers, Board of Trade, "Suez Canal（Trade from the East)", LXIV, 1883, p. 4.

21)　Fletcher, *op. cit.*, pp. 563-564.

22)　Kirkaldy, *op. cit.*, pp. 317-318.；J. A. Fairlie は、この点について、スエズ運河の

開通によって、多くの数の鉄造スクリュー船が新造され、スエズ運河通航仕様に合わない古い蒸気船と、かなりの数の帆船が船主によって処分された。その量は約 200 万トンと推定されている。この効果が、帆船の総船腹量の減少に現れている。1869 年に英国の海外貿易に従事していた帆船は、360 万トンであったが、1876 年には 323 万トンであった。一方、海外海外貿易に従事していた蒸気船の総トン数は、1869 年の 65 万トンから 1876 年には 150 万トンに増加している（Fairlie, *op. cit.*, pp. 59-60）。

23）Dave Hollet, *From Cumberland to Cape Horn*, Fairplay Publications Limited, 1984, pp. 115-118.

24）A. M. ロップ（鈴木高明訳）「造船」チャールズ・シンガー『技術の歴史』筑摩書房 第 9 巻 鉄鋼の時代／上 第 16 章、1979 年、275 頁。

25）J. R. T. Hughes, "The First 1,945 British Steamships", *Journal of the American Statistical Association*, Vol. 53, No. 282, pp. 360-381.

26）J. R. T. Hughes, "The Suez Canal and World Shipping, 1869-1914: Discussion", *The Journaal of Economic History*, Vol. 18, No. 4（Dec., 1958）. p. 577.

27）今尾、前掲書、176 頁、296 頁。

28）Fletcher, *op. cit.*, p. 558.

29）*Shipping and Mercantile Gazette*, London, Dec. 6, 1869.

30）横井勝彦『アジアの海の大英帝国─19 世紀海洋支配の構図』同文館、1988 年、18 頁。

31）1866 年のオーシャン・スティームシップ・カンパニー（Ocean Steamship Co.: Blue Funnel Line）が中国茶輸送に参画し、その後 1869 年には、蒸気船 6 隻によるティーレースで同社のアキレス号（Achilles）が福州から喜望峰経由で 200 万ポンドの茶をロンドンに、僅か 62 日で運んでいる（Francis E. Hyde, *Blue Funnel: A History of Alfred Holt and Company of Liverpool from 1865 to 1914*, Liverpool University Press, 1957, pp. 36-39）.：また、リンゼイは「1869 年に Achilles 号が、福州からロンドンまでの 13,552 マイルを 58 日と 9 時間で走破した」と記述している（Lindsay, *op. cit.*, p. 435）。

32）Lindsay, *op. cit.*, p. 409.

33）*Ibid.*, p. 640.

34）*Ibid.*, p. 409.

35）J. R. McCulloch, *A Dictionary Practical, Theoretical and Historical, of Commerce and Commertial Navigation*, London, Orme, Brown, Green, and Longman 1840, p. 1024：蒸気タグボートが利用できない頃は、風待ちで 2 週間も港外で待機した事例もある。

36）オーストラリアの羊毛、インドの綿花、ジュート、チリの硝石、ケベックの木材などがその主なものである（Lindsay, *op. cit.*, Vol. 4., p. 441 note 1）。特に重要であったのは、オーストラリアの羊毛で、ゴールド・ラッシュと移民の急増が過ぎたあとは、羊毛がオーストラリア航路の最も重要な輸送対象物資となり、1890 年

代はじめまで、帆船は羊毛積取りにあたっていた（Fayle, *op. cit.*, p. 245／邦訳 270-1 頁）。

37）　アメリカにおける西進運動によって、西部は豊富な小麦地帯となった。特に 1874 年以降、カルフォルニアからホーン岬経由の小麦輸送が急激に増加し、帆船を大きく刺激した（Graham, *op. cit.*, p. 84）。これは 1882 年の大豊作の直後に頂点に達し、550 隻もの帆船がアメリカ西岸からヨーロッパへの輸送に従事し、総運送量は、小麦・大麦併せて約 125 万トンに上った（Fayle, *op. cit.*, p. 245／邦訳 271 頁）。オーストラリアからの穀物輸送も、1870 年代から 80 年代にかけて大きく増加し、その輸出量は 1872 年に 90 万 7,500 トン、1888 年には、231 万 5,700 トンに上った（Graham, *op. cit.*, p. 84）。

38）　Richard Tames, *Transport Revolution in the 19th Century, 3. Shipping.* Oxford Unuversity Press, 1971, pp. 17, 58.

39）　Graham, *op. cit.*, p. 79.

40）　*Ibid.*, p. 87.

41）　*Ibid.*, p. 84.

第6章
帆船から蒸気船への移行時期の再考

　序章で検討したように、帆船から蒸気船への移行時期について、その根拠を概ね3つの尺度によって論じている。繰り返しておくと、第1は、船腹量や輸送量という量的な尺度、第2は、舶用蒸気機関の進歩という技術的な尺度、第3は、スエズ運河の開通で代表されるインフラストラクチュア整備の尺度である。

　第1の船腹量や物資輸送量という量的な面を根拠としている論者は、移行時期を船腹量で帆船を逆転した1880年代後半から1890年代としており、第2の技術面の進歩を根拠にしている論者は、蒸気船への2段膨張機関の装備が一般化した1870年前後が移行時期の分岐点であったとしている。また、2段膨張機関の時期ではなく蒸気タービンが装備化された、1890年前後であるという説を主張している研究者もいる。第3のインフラストラクチュアの整備を根拠としている論者は、1869年のスエズ運河の開通が移行時期の分岐点であったとしている。

　このように、帆船から蒸気船への移行時期については、それぞれの尺度によって、その移行時期に差が生じている。

　なお、海運における帆船から蒸気船への主役交代時期は、物資輸送量に代表される輸送量を尺度とした根拠から相当に遅い時期であったことは確認できるが、その具体的な要因からの年代特定については論者の中に不一致もある。

6.1　蒸気船と帆船の技術的進歩の概要

　まず、これまで検討してきた19世紀以降の海上輸送手段としての蒸気

船と帆船建造の進歩の過程を、関連する製造業やインフラストラクチュアの整備等と関連付けて示すと、概ね図41及び図42のようになる。

　蒸気船は、船体材料面で木製、鉄製、鋼製と変化している。また、舶用蒸気機関は、単気筒から2段膨張機関、3段、4段膨張機関へと進歩し、高圧化と小型化を実現し、鋼材の使用による軽量化と相まって物資輸送用

```
単気筒蒸気機関搭載木造小型外車船の登場（第一期：1790年代）
                      ↓
安価な錬鉄の生産→外洋航海可能な鉄製外車蒸気船の建造（第二期：1830年代）
                      ↓
      鉄製スクリュー・プロペラ船の建造（第三期：1840年代）
                      ↓
      2段膨張機関の発明、スエズ運河開通、貨物積載容積確保
      港湾設備・給炭基地の整備、製鋼方法の進歩、耐高圧鋼材の利用
  効率的多段膨張式蒸気機関搭載の大型鋼製蒸気船の完成（第四期：1870年代後半）
                      ↓
        タービン型蒸気機関を搭載した鋼船（第五期：20世紀）
```

図41　蒸気船の進歩の概要

```
      蒸気機関搭載の曳船の利用 ← 蒸気機関の発展（1790年代）
                      ↓
      木造帆船の需要拡大（第一期：1830年代）← 大量物資の発生
                      ↓
        安価な錬鉄生産 → 鉄製帆船の建造（1830年代後半）
                      ↓
      クリッパーの登場（第二期：1840年代）→ 帆船の高速化
                      ↓
大型化・高速化の要求 → 木鉄交造船の建造（1850年代後半）← 安価な錬鉄の生産
                      ↓
  木鉄交造クリッパー船の建造（第三期：1860年代）→ 大型化と高速化を実現
                      ↓
      運航に関する総経費削減（第四期）← 蒸気動力機械の利用、鋼材の導入
                      ↓                              （1870年代）
              大型鋼製帆船の建造
```

図42　帆船の進歩の概要

蒸気船を完成させた。

　帆船は、船体材料面で木製、木鉄交造、鉄製、鋼製と変化し、加えて、当時の最新技術を利用した各種の機械等を装備することにより進歩している。その過程では、速度を重視し、木鉄交造技術を導入したクリッパーの建造が帆船の最盛期であった。その後、鋼製大型帆船が建造され、それらの一部は 20 世紀初頭まで活躍していた。

6.2　造船と製鉄業の進歩

　ここで、当時造船に利用された「鉄」材を具体的に見てみることにする。イギリスの産業革命期になされた製鉄業の基本的な技術変革は、第 1 に 1709 年にアブラハム・ダービー 1 世（Abraham Darby）がコールブルックデール製鉄所で操業に最初に成功し、1750 年代に殆どの熔鉱炉が木炭熔鉱炉からコークス熔鉱炉へ移行したこと、第 2 に木炭精錬炉から石炭を使用するパドル炉への移行とパドル炉・圧延機体系の導入、第 3 にコークスが石炭よりも燃えにくいことから、ワットの蒸気機関を利用したこれまで以上に強力な送風装置の導入と、同じくワットの蒸気機関を利用した圧延機の導入、そして第 4 に 1828 年にジェームズ・ニールソン（James Beaumount Neilson）の発明した熔鉱炉への加熱送風機の導入があげられる。

　コークスの使用は木炭銑に比べると燐と硫黄が多くなり、鋳鉄としては利用できるが精錬によって鍛鉄にする場合は劣っていた。このため、燐と硫黄を取り除くために鋳鉄を反射炉で再溶解し、この溶解の過程で、火焔の中にワット蒸気機関を利用した送風機構によって過剰の酸素を送り、鋳鉄中の炭素や不純物の燐、硫黄を燃焼除去した。この反射炉を錬鉄製造に用いたのが 1783 年にヘンリー・コートが実用化に成功したパドル法である。鉄は炭素を失うと純度が増し熔融点が高くなり流動性を失うが、コートは図 43 に示すような反射炉に開けた小さな窓から鉄の棒（パドル）を差し込んで人力でかき回し（パドリングと呼ばれる）反応を促進させた。

　当時の鉄船や木鉄交造船に使用された鉄は、この錬鉄である。含有炭素

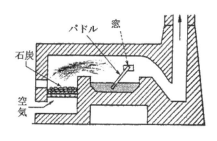

図 43　反射炉によるパドル法

出典：左図：http://fnorio.com/0056history_of_iron_manufacture1/history_of_iron_
　　　　　manufacture1.htm
　　　右図：大橋周治『鉄の文明』岩波グラフィックス 13、1983 年、57 頁。

量が 0.035％以下のものを「錬鉄」といい、この錬鉄は粘性を持ち、18 世
紀後半当時は錬鉄のことを鉄と言っていた。（なお、含有炭素量が 0.03 〜
1.7％のものは「鋼」と言われる。）コートは、パドリングによって精錬され
た鉄をボール状にして取り出し、これまで水車動力により行われていた圧
延加工を、蒸気動力を利用した圧延機と結合した。これが「パドル・圧延
法」と呼ばれるものである。

　このパドル・圧延法が真に実用的になったのは、1816 年にジョセフ・
ホール（Joseph Hall）が炉床に砂の代わりに鉄錆びを用いたこと（改良パ
ドル法）により銑鉄から錬鉄への歩留まりが大きく改善され、19 世紀前半
にはパドル・圧延法全盛期を迎えた[1]。1861 年から 1880 年までの錬鉄工
場数とパドル炉数及び圧延機数の推移は表 44 の示す通りで、錬鉄の需要
量が多かったことが分かる[2]。

　鉄の需要の増加に対して、半溶融状態の錬鉄を棒でこね回して取り出す
昔ながらの職人の熟練に頼る作業では、製品の品質が不均一で、作業効率
が上がらなかった。このため、高炉銑を原料として、鋼を溶融状態で大量
生産することが大きな技術的課題であった。この課題を解決したのがヘン
リー・ベッセマー（Henry Bessemer）である。ベッセマーは、当時の主流
であった錬鉄の性質を改善する方法として、ガラスの連続鋳造の工程を見

表44　錬鉄工場数、パドル炉数、圧延機数の推移

年	工場数	パドル炉数	圧延機数	年	工場数	パドル炉数	圧延機数
1861	213	4,147	439	1871	267	6,841	866
1862	217	4,832	647	1872	276	7,311	1,015
1863	223	5,013	654	1873	287	7,264	939
1864	248	6,338	705	1874	298	6,803	866
1865	252	6,407	730	1875	314	7,575	909
1866	256	6,239	826	1876	312	7,159	942
1867	254	6,009	831	1877	300	6,796	945
1868	247	5,903	831	1878	232	5,125	830
1869	245	6,243	859	1879	314	5,149	846
1870	255	6,699	851	1880	314	5,134	855

出典：坂本和一「製鉄業における機械体系の確立過程」、京都大学経済学会『経済論業』第100巻第2号、1967年、80頁。

て、それを応用することを考え、反射炉に空気を送り込むことにより、粘りのある鉄、つまり鋼を取り出す方法を1856年に発明した。このベッセマー炉は、「銑鉄」を「鋼」に変える（コンバートする）、また炉を回転させる、いずれの意味からも「転炉」と呼ばれている。製造された鋼は従来の鉄とは違って丈夫で、これまでよりは安価に製造できるようになったため、砲身は勿論、鉄道のレール、ボイラ、蒸気船の鋼板などに利用されはじめ一大変革をもたらした[3]。

　1870年代にジーメンス・マルタン法が完成するまでは、造船用部材として適当な鋼はなく、1880年代に入って初めて鋼鉄は、蒸気船の建造にも十分に使用できるようになった。しかし1885年に至っても、造船所は錬鉄使用に固執した。その理由は、表44からも類推できるように、当時はより安価に手に入る錬鉄が十分にあり、ロイド船級協会によって要求された品質の鋼板が錬鉄のそれより46％費用がかかったためであった[4]。また、この時期、ジーメンス、ベッセマーの特許を取得した製鋼所は、イギ

リス、アメリカ及びヨーロッパの鉄道用レールや蒸気機関車の車輪や車軸等の需要を満たすのに忙しく、造船用まで手が回らなかったということもあった[5]。ベッセマーとジーメンスの製鋼所が、造船用として十分安価で品質の良い鋼材を製造できるようになったのは、1884年以降であり[6]、それは、平炉鋼の生産量が約50万トンに到達した時であった[7]。そして、造船用に使用できる鋼が安価に手に入るようになってからは、造船業においても急速に鋼が鉄にとって代わっていった。同様に、およそ1878年までは、蒸気圧を30％増加させることが可能な円筒形ボイラに使用できる鋼はなかった。しかし、1881年までにより強い鋼が製造され、この強い鋼を使用しボイラの許容圧力の更なる増加は、馬力を与えるための燃料消費量を60％削減したのみならず3段膨張機関の導入の道を開いた[8]。

　1884年以降、安価に鋼が手に入るようになったことで、より軽く、より強く、より経済的に船舶を造るために、全ての構造部位に鋼が使用されるようになり、鋼鉄船の総トン数は1877年に1,118トンであったのが1884年には15万1,339トンに急増し、この10年間で鉄船を駆逐している。

　鋼はまた帆船にも導入され、中空鋼製マスト、帆桁（ヤード）そして鋼製ワイヤー索具を装備した4本マストのバーク帆船という、新しいスタイルの帆船を生み出した。この帆船は少数の乗員で運航が可能で、有力な風が常時一定して吹いている航路において使用され有効であった。このため、これらの航路では蒸気船への移行を遅らせることにもなった。このバーク帆船は1890年代に導入され、大型帆船の標準型となった[9]。英国で建造された鋼製、鉄製、木製の船舶の推移については、前出の表32のとおりである。

　このように、造船部材としての鉄及び鋼の使用は、船体重量を減らし、その分、積荷空間は拡がり物資輸送能力の向上をもたらした。

6.3　造船と工作機械の進歩

　産業革命が本格化し、機械に対する需要が増大する1790年代には、鋳

鉄工場や紡績工場が機械の製造を兼営するようになった。機械には作業機械と伝導機械と動力機械、そして工作機械が含まれるが、この中で最も重要なのは、機械を製造する機械である工作機械である。その製造が本格化し始めるのは19世紀に入ってからであり、工作機械の進歩の背景には船舶の大型化と、舶用蒸気機関の高圧化への要求が存在していた。

　蒸気機関の製造に関して言えば、ニューコメン蒸気機関を研究したジョン・スミートン（John Smeaton）は、蒸気機関の核心部分であったシリンダの切削精度を向上させる中ぐり盤を工夫し、効率を従来の蒸気機関の2倍まで高めることに成功している。当時、鋳造された大砲の内径の仕上げをするのに中ぐり盤が存在していたが、シリンダの直径は大砲の径よりずっと大きかった。そのため、内側の削り面を完全な円にはできず、仕上げには人の手で研磨する必要があった。そのためシリンダからの蒸気漏れが多く、直径約71cmのシリンダで約13mmの隙間があったと言われており、ニューコメン蒸気機関は、この漏れ止めとしてピストンの頂きに水を張る装置をつけることによって初めて運転することができた[10]。

　このような状況に対して、ワットはより高精度のシリンダを要求したが、この要求に応えられる気密性のあるシリンダは、スミートンの中ぐり盤では削れなかった。このため、1774年、ワットは鉄製銃砲の鋳造と中ぐり法で特許を持っていた製鉄業者ジョン・ウィルキンソン（John Wilkinson）にそれを発注した。シリンダーの寸法がまだ小さかったので、彼は砲筒中ぐり盤の取り付け盤を改造して加工し、その精度はワットを満足させている。ウィルキンソンはその後、大きいサイズのシリンダーの加工が要求されることを見込み、1776年に図44に示す新しい中ぐり盤を製作した。太い軸に刃物を取り付け、その軸を、削るべきシリンダの中を通して両端を支えた。この両端固定の軸を回転させ、削るべきシリンダの方を徐々に動かしていった。こうした方法の採用で、直径72インチのシリンダの削り精度は最も悪い部分でも、薄い6ペンス貨の厚み程度まで高められた。このシリンダー中ぐり盤によってワットの蒸気機関が完成したともいわれており、この中ぐり盤は最初の本当の工業用工作機械であっ

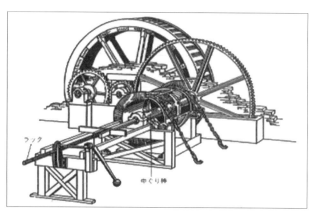

図44　ウィルキンソンが製作した大型シリンダー用中ぐり盤

出典：L. T. C. ロルト（磯田浩訳）『工作機械の歴史』平凡社、1989年、61頁。

た[11]。その後、ウィルキンソンの機械は他の人たちによって次第に改良され、1830年までに本質的に近代的な形に達した。

　機械を製造する側は、より高精度の機械を製造するために、より高い精度の部品の製作を要求した。工作機械製造者側も、この精度要求に応えるために改良に努め、1825年までには工作機械の原型がほぼ出そろい、それ以降、工作機械の分化と大型化、精密化と標準化が本格的に進行していくことになる。一例を示すと、ヘンリー・モーズレイ（Henry Maudslay）は、1800年にマーク・イザムバード・ブルネル（Marc Isambard Brunel）（イザムバード・キングダム・ブルネルとは別人）の設計した帆船の滑車ブロックの製作のために、一連の機械（丸鋸、回転刃物によるフライス盤、中ぐり盤、ほぞ穴開け機、立旋盤、専用旋盤等）の製作を依頼された[12]。これらは世界で最初の大量生産向け専用の木工加工機であった。モーズレイは全金属製の旋盤、舶用蒸気機関などの製作を行い、自家製の工作機械を用いて鉄を1万分の1インチの精度まで加工した。

　造船材料に鉄が使用されるようになり、それらの鉄材を必要な厚さに加工する圧延機や、鉄板をフレームに鋲接するための鋲接機、外車を回転さ

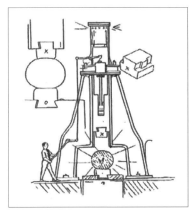

図45　ナスミスの蒸気ハンマー

出典：ルードウィヒ・ベック（中沢護人訳）『鉄の歴史 第4巻 第2分冊』たたら書房、
　　　1969年、212、218頁。

　せる機構の構成品であるクランクシャフト等の大物部材を鍛造する蒸気ハ
ンマー等の機械を作るためには、各種の工作機械の改善と進歩が必要不可
欠であった。また、各種の機械の動力源として、1800年にワットの蒸気
機関の特許期限が切れたことにより、蒸気動力を利用したものが次々と開
発されている。

　1839年にイギリスの機械技術者ジェームズ・ナスミス（James
Nasmyth）によって、初めて上下に直線的に動く図45のような蒸気ハン
マーが発明された。それは、イギリスの蒸気船グレート・ブリテン号を建
造する過程の中で考案されたものであった。ナスミスは、蒸気船グレー
ト・ブリテン号の機関の構成品であるクランクシャフトの鍛造用として
1839年に設計し、1842年に特許を取っている、ハンマー（鉄塊）がシリン
ダーの中に送り込まれた蒸気の圧力で上昇し、シリンダー内の蒸気を逃が
すことによって、ハンマーを直線的に自由落下させるようにしたもので、
機械加工の速度を著しく上げることができた[13]。

6.4 技術複合体としての帆船

　坂上茂樹氏は、舶用蒸気タービンや舶用ディーゼル機関の進歩における諸問題（アンバランス）について、船体、舶用蒸気機関、舶用ディーゼル機関、推進器、その他の諸構成要素相互間の照応・整合性が極めて重要であり、それら構成要素の相互間の照応・整合性が、直接にタービン船、ディーゼル船そのものにも影響を与えたと述べている。ここでは、坂上氏のこの提起を手がかりに、帆船と蒸気船の各構成要素相互間の照応、整合性の重要性という問題を検討することにする。

　まず、製造技術の側面から造船技術の進歩をみた場合、蒸気ハンマーが多用されるのが 1840 年代以降、鋼の供給が確立するのが 1880 年代以降であることは留意されなければならない。

　まず、帆船について見てみる。帆船は、船体と推進を掌る帆走装置及び、その他の艤装品から構成されており、当初から物資輸送用として発達し、19 世紀末には鋼を使用し、マスト数を増やした大型鋼製帆船も出現しているが、一般的には 1860 年代末のカティー・サーク号に代表される木鉄交造のクリッパーが最も進歩した帆船の形態であると言われている。現在も帆船は世界各地に存在しているが、それらは全て、補助蒸気機関を装備した航海練習船としての帆船と、遊覧目的の観光用帆船であり、19 世紀のような物資輸送を目的とした商業用船舶とは相違している。

　帆船の進歩の過程は、海上輸送手段として新しく登場した蒸気船に対抗するための各種新技術の導入の歴史であると言える。それらの導入の目的は、主として運賃の低減を目的とした経費削減と、効率的運航の向上であった。そして、帆船に導入された新しい装置（構成品）類の特徴は、新技術を利用した完成品であるということである。このため、旧装備品との交換（置き換え）という形で進められ、新たに導入された装置相互間の照応も、在来の装置との照応も全くなく、蒸気船と違い推進力を自然現象に依存していた関係から、帆船を構成する船体、帆走装置、その他の艤装品といったそれら各構成装置間の照応・整合を必要としなかった。

　例えば、帆船の速度の向上には、船底に銅板被覆を施すことと、1840

年代のアバディーン型船首に代表される船型の変更といった、それぞれ独立した対策で可能となった。経費削減対策としては、造船部材に鉄を使用した木鉄交造船の建造による大型化と、1850 年代からは蒸気動力の出力源として、ドンキー・ボイラを装備し、その蒸気動力を利用した各種省人化蒸気動力機械類の艤装によって人件費が削減された。また、定期的に交換が必要な植物繊維の索具類を、より長期間使用可能な鋼製索具へ変更したり、多量の木製滑車を長期使用可能な鉄製に変更する等の新技術の積極的な導入によって諸経費の削減を行った。これらの経営努力によって運賃の低減に努めた。

　また、鉄製蒸気船があらわれた 1838 年頃には鉄製帆船も建造されたが、船底への海洋生物の付着と茶への影響が憂慮され、当時のティー・クリッパーには採用されなかったものの、その後の、オーストラリア移民の急増により、1860 年代にはオーストラリア航路用として、鉄製クリッパーが盛んに建造された。帆船における最後の進歩は、造船部材の鉄から鋼への変化による軽量化と更なる大型化であった。これら大型の鋼製帆船は、前述したとおり 20 世紀初頭においても活躍していた。

　このように、技術複合体としての帆船を見た場合、鋼の大量供給や蒸気ハンマーの多用を待つことなく、帆船を構成する下位の各装置相互の照応・整合を待つこともなく、当時の最新技術によって完成された機械類を、個別に導入・装備することによって、常に技術的に最新の状態での運用と、運賃の低減によって蒸気船に対抗してきたといえる[14]。

6.5　技術複合体としての蒸気船

　続いて、蒸気船について、その進歩の状況を詳細に見ることを通して、帆船から蒸気船への移行が遅れた要因について考察してみる。

6.5.1　船体と推進器

　蒸気船の主たる構成は、帆船と同様、船体と推進器及び、その他の艤装品から構成されていることから、まず、船体と推進器について考察する。

舶用蒸気機関が登場した当時は木造船体であった。木造船体は前述の通り強度上の問題があり、大きさに制限があった。蒸気機関が装備された最初の蒸気船シャーロット・ダンダス号は、河川或いは運河航行用の曳船であり、その後のクラーモント号やコメット号は河川用の旅客船であり、大きさは必要なかった。また、運河や河川は波やうねりもなく、重心を下げて蒸気機関を装備するという必要もなかった。このため蒸気機関も実績のあるワット式低圧機関で十分であり、ボイラも煉瓦積みで外火式であった。

　ライオネル・ロルト（Lionel Thomas Caswall Rolt）によると、蒸気船は「長い間、航海に必要なだけの石炭を船に載せられないことから、大洋を横断するのは不可能だと信じられてきた」[15]とのことであったが、1820年代に入ると大西洋横断蒸気船が航行し始めた。しかし、この当時の蒸気船は重く燃料効率の悪い舶用蒸気機関を装備していたため、航海距離に見合った自航用燃料炭の搭載のために船体を大型化する必要があった。また、蒸気機関の振動による木材接合部の緩みやボイラの燃焼放射熱による木材の腐食を避けるためにも、木材以外の材質での建造が要求された。

　1816年のパドル・圧延法と、1820年から30年にかけての加熱送風機の導入によって錬鉄の大量生産が可能となり、1830年代には船体材料に錬鉄が使用され鉄製大型蒸気船の建造が可能となった。1837年に建造されたレインボウ号（Rainbow）は長さが198フィートあり、これまでに建造された鉄製蒸気船の中で最大のものであった。

　次に推進器について見ると、1838年には外車に代わる新しい推進方式であるスクリュー・プロペラが2隻の船に取り付けられた。このスクリュー・プロペラの装備は、前述したとおり、スクリュー・プロペラ推進のラトラー号と外車推進のアレクト号（Alecto）との綱引きで、ラトラー号が勝利しその優位性を証明して以来普及し始めた。また、スクリュー・プロペラは、外車のように波浪による損傷を受けることがなく、外洋航海に適していた。また、軍艦の場合は、砲撃によって外車が損傷を受け推進力が無くなることを避けるためにも有効であった。このため、その後10年も

しないうちに新しい蒸気船は殆ど全て、スクリュー・プロペラを備えるようになった[16]。

　一方で、スクリュー・プロペラの採用によって、船尾の形状も重要な問題となった。当時の軍艦は船首尾に主砲を装備する関係でこの部分が膨らんでいた。従って、多くの船では推進器のある船尾部分に十分水が流れて来ず、その効率を減じた。この点について、ジョン・スコット・ラッセルが、「船の速力を決定するものは機関の馬力ではなく、主として船体の形状である」と論じているように、当時、船尾を改造したことにより速力をました例が少なくなかった[17]。また、木造船の場合は、船尾の強度が弱いためにスクリュー・プロペラが造る水圧と振動によって船尾が損傷する可能性もあった

　鉄の採用で、船体の大型化は可能となったが、鉄製船体には羅針盤への鉄の影響という問題があった。この問題は1839年にジョージ・エアリー（George Airy）教授が解決し、鉄製蒸気船の普及を阻むものは技術的になくなった。このようにして、外車に代わる効率の良い推進器を備え、船体形状を改良し物資輸送船としての使用には不適当ではあったが、技術的に一応の集大成として登場したのが、1843年に進水したイザンバード・ブルネルの設計によるグレート・ブリテン号であった。この船には、当時の造船業界の最新の知識が全て組込まれており、それまでに建造された船の中で最大であり、鉄製でスクリュー・プロペラを備え、ボイラは箱形炉筒ボイラ（flue boiler）であった。この船は、19世紀前半期における蒸気船の完成度を示すものであった。その後の、鉄製蒸気船の建造数の増加によって、1856年にはロイド船級協会も鉄船構造規則を制定し発刊している。

　しかし、グレート・ブリテン号に始まる初期の鉄製蒸気船は、帆船に比べると速度も遅く、依然、燃料効率の悪い舶用蒸気機関であったために、航海距離に応じた大量の自航用燃料炭を搭載する必要から、帆船のように物資を多く積むことはできなかった。即ち、この大型化の要求は、前述の通り物資搭載容積の確保を目的とするものではなく、重くて大きな舶用蒸気機関の装備と、長距離航海に必要な自航用燃料炭の積載容積の確保が目

的であったと言える。そして、1858 年には、グレート・ブリテン号を設計したイザンバード・ブルネルの手によって、当時最大の蒸気船グレート・イースタン号が就役した。この蒸気船は、構造的には完全二重船殻構造をはじめとした安全性を重視したものであったが、その分重構造となり、大気圧に近い 1.05 気圧という低圧ボイラと組み合わされた外車駆動用揺動型機関 1 基（4 気筒）とスクリュー・プロペラ駆動用横置直動蒸気機関 1 基（4 気筒）を装備していたが、これらの機関では、この重構造の船体を 12 ノットという当時としては遅い速度で運航せざるを得ず、経済的にも不十分なものであった。この原因は、船体構造と蒸気機関のアンバランスであったといえる。そして、物資輸送用蒸気船の誕生は、効率の良い舶用蒸気機関の完成まで待たねばならなかった。

　このように、19 世紀前半期は、鉄製船体の導入という船体の進歩や、外車からスクリュー・プロペラという推進器の進歩に対して、舶用蒸気機関の進歩が遅れていたために、全体として物資輸送を目的とする蒸気船は完成されてはいなかった。

　また、蒸気船は自力航行が可能であったが、帆走用のマストが艤装されていた。このマスト艤装が無くなるのは、1880 年頃に登場したスクリュー・プロペラ 2 基を有する蒸気船（twin screw ship）が作られてからで、一つのスクリュー・プロペラが故障しても、他の一つで船を推進できるようになってからである[18]。このマスト艤装の撤去には、技術的に舶用蒸気機関の信頼性が高まったことに加え、「帆の操作を満足にできる乗員がいなくなった」[19]という、ふたつの理由があった。民間の蒸気船からマスト艤装が取り除かれたのは、1880 年頃であるが、軍艦の場合はそれよりも早く、1869 年建造のデパステーション号（H. M. S. Depastation）が最初であった。軍艦からマスト艤装が無くなった理由は、民間蒸気船とは異なっており、舷側に装備されていた大砲を船首尾線上に変更したために、必然的に大砲の旋回の邪魔となるマストと帆を撤去したことによるものであった[20]。

　このように、蒸気船が蒸気動力のみで航行できるようになったにもかか

わらず、マスト艤装が継続されたことは、舶用蒸気機関への信頼性が低かったことに起因していたといえる。民間蒸気船から帆走用マスト艤装の消滅時期が 1880 年頃であったことを確認しておきたい。

6.5.2　ボイラの進歩

19 世紀前半期の蒸気船は、航海距離に見合う自航用燃料炭の積載容積の確保のために、鉄製船体にすることで大型化を実現した。しかし、この蒸気船の大型化は、一方で蒸気機関の大出力を必要とした。また航海範囲の拡大は熱効率の向上、すなわち石炭消費量の削減も要求した。

初期の舶用蒸気機関の使用蒸気圧は一般に低く、大気圧と殆ど同じ位であった。ボイラは四角な箱型で、初期には煉瓦造りのものもあったが、その後は鉄で造られたり、時には銅で造られたりした。外洋を航行する蒸気船の罐水（ボイラに供給する水）は勿論海水であった。19 世紀前半期の舶用蒸気機関は、まだ復水器が十分普及していなかった。蒸気機関の大出力化と石炭消費量の削減のためには、高温・高圧の蒸気を作りだすことが必要不可欠であり、高温・高圧に耐え得るボイラの開発と、ボイラに海水ではなく真水を使用するための復水器の開発（後述）が必要不可欠であった。

陸上においては 19 世紀に入ってまもなくの 1820 年代に、高圧蒸気を用いた蒸気機関車が実用化されていた。蒸気機関車は陸上走行であったことから真水給水が可能であり、復水器を持っていなかった。このため小型で機構も簡単であった。一方、舶用蒸気機関は、大型の低圧機関が 50 年近く主流であった。その理由は、高圧ボイラにはどのような構造及び材料が適しているのかが分からなかったからであった。

舶用蒸気機関が高圧機関ではなく凝縮器付き低圧機関を選択した要因は、第 1 に、海上において使用されることから安全性が優先されたこと。第 2 に、高い圧力での機関運転は必然的に速い回転を伴い、このことが外車またはスクリュー・プロペラ駆動のための長い軸を回転させる回転軸や軸受けに多大な負荷をかけることになり、一定速度以上の回転は必要な

く、低圧で十分とされた[21]。そして第3には、当時の高圧機関には復水器がなく高圧化はかえって経費がかかり、また低圧機関でもある程度の燃料効率が得られたためであった。このような理由で、高圧機関の優位性は知られてはいたものの、当時はその必要性がなかったためにその開発は遅れることになった。

　ボイラを含む舶用蒸気機関は、河川や運河のような波やうねりのない穏やかな水上では、船の重心が高くなる甲板上に据え付けても問題はなかったが、波の荒いうねりのある外洋での運航の場合には、重心を下げる必要があった。このため、船の限られた船殻内に重心を低く舶用蒸気機関を装備するために、船底形状にあった箱形の外殻を持つ箱形ボイラ（box boiler）が装備された。そして、この当時はボイラに供給される水には海水が使用されていた。この箱型ボイラは1820年以降1860年代まで、民間蒸気船では一般的に使用されていた。

　装備スペースが限られていた船舶の場合、小型の高圧機関の重要性は明らかであったが、ワットも高圧は危険であると反対していたように、19世紀中頃までの舶用蒸気機関の技術者は、高圧蒸気に対して誤った認識をもっていた。

　ドナルド・カードウェル（Donald Stephan Lowell Cardwell）とリチャード・ヒルズ（Richard Hills）は、舶用において高圧機関が使用されなかった理由について「①必要な出力が速度の3乗に比例して増加するため、このことが高速機関使用の阻害要因となった。②ボイラ爆発の恐怖があった。③ボイラは船底の形に合うよう設計され箱型ボイラとなり、高圧は不可能であった。④海水の使用。⑤より効率的な外車からスクリュー・プロペラへ、木製船体から鉄製船体の導入によって機関効率の問題そのものが不明確になった。⑥船主は熱力学的効率によって機関を判断することに不慣れであった。」[22]の6つをあげている。また、小林学氏は、箱型ボイラの採用については「19世紀に舶用として一般的であった箱形ボイラが採用された理由が、船底に合わせるためだったと言う評価は、不十分であると言わざるを得ず、箱形ボイラは1860年代まで使用されており、船底に

合わせたのではなく、当時の蒸気船の船底の形に収まる特徴を有し、熱伝導面積も大きく円筒形ボイラよりも優れた技術的特徴を有していたからであろう。」[23] との見解を示している。

　蒸気動力による長距離大洋航行は技術的な問題の他に、建造費や燃料費と言う問題があった。燃料費の経済的解決策としては、機関・ボイラを含めた舶用蒸気機関の効率を改善することである。この効率の悪さの原因は、第1に蒸気圧が小さかったこと、第2は、ボイラに海水を使用していたために、定期的に高温のボイラ水を廃棄していたことである。最初から真水を使用していれば高温になったボイラ水を廃棄する必要がないわけで、そのためには海水を蒸留するか、蒸気を復水してボイラに戻すかであった。蒸気を復水してボイラに戻すためには、一種の熱交換機を用いて冷却水と蒸気が直接接触しない方法を取る必要がある。この装置は、表面復水器（Surface condenser）と呼ばれ、初めて蒸気機関のみで大西洋を横断したシリウス号にも装備されていた。しかし、この表面復水器はすぐには普及しなかった。コストが高かったこともあるが、その理由の一つは、スクリュー・プロペラ推進方式と鉄製船体構造の採用によって、より大きな船を運航することが可能となり、前出のドナルド・カードウェルとリチャード・ヒルズも指摘しているとおり、機関効率の問題が不明確になり、このことが蒸気圧の増大と復水器の開発という舶用蒸気機関そのものの進歩をも遅らせたともいえる。

　しかし、19世紀後半期にはいると、蒸気船の大型化と航海範囲の拡大は、大出力で燃料効率の良い機関を再び要求し、蒸気条件の高圧化と高温化が求められ、舶用ボイラの高圧化が再び話題となった。そしてボイラの高圧化の方策として、以前からあった円筒形ボイラの改良・改善と併せて、水管ボイラの開発も始まった。陸用では1810年以降、コーンウォール機関と呼ばれる高圧揚水機関が使用され始め、この機関は錬鉄製のコーニッシュ・ボイラ（内火式円筒形ボイラ）を用いて高圧蒸気の使用を可能にしていた。この事実は、高圧に耐える材料として錬鉄が有力であることを意味していた。

一方、水管ボイラの開発の困難性について、ヘンリー・ディッキンソン（Henry Winram Dickinson）は「多数の継ぎ目を気密にする接合方法の問題、管の不均一な熱膨張の問題に加えて、水管の清掃の問題」について述べている[24]。円筒形ボイラについては、19世紀初頭にイギリス海軍で使用が試みられ、ボイラ外殻、燃焼室及び煙道は円筒形で、15 psiまで昇圧することが出来た。しかし、このボイラは継続して発展しなかった。一方、民間の蒸気船での最初の円筒形ボイラの装備は、1848年建造のクリケット号（Cricket）と1837年に進水したヴィクトリア号（Victoria）であった。クリケット号の機関は2段膨張機関で蒸気圧力は36psiであったが、ボイラ両端の強度不足[25]のためにボイラ事故をおこし17名が死亡している。ヴィクトリア号は4つのボイラを装備し、乗員がボイラ内の水が見えるようにガラスのゲージがついていたが、1838年の処女航海時にボイラ2基の煙道が破壊し5名が死亡した。原因は水の不足であった。その後修理されたが再び爆発し9名の死亡者を出している。この原因は、ゲージ内の水位変動であった[26]。このようにボイラ事故が続いたために、商務省は円筒形ボイラの蒸気圧力を2 psi（$0.14\,\mathrm{kg/cm^2}$）に限定するように答申[27]し、結局円筒形ボイラは取り外され箱型ボイラに交換された。このため、構造的脆弱性を持っている箱形ボイラが、頑丈であるはずの円筒形ボイラより強いと言う誤った先入観ができてしまった。

　これらの原因の根底には、1840年代の高圧ボイラの設計と、使用材料の選択に不整合が存在していたといえる。

　このため、19世紀後半の舶用ボイラは、他のどんな用途よりも、強度的に厳しい条件が要求されていた。ジョン・エルダーが2段膨張機関を発明した同じ頃、スコットランドの技術者ジョン・ローワン（John Martin Rowan）と、彼の上司トーマス・ホートン（Thomas R. Horton）、その協力者ジョン・スコット（John Scott）らによって、2段膨張機関と表面復水器と水管ボイラを組み合わせるという先駆的な試みがなされ、1858年から1859年にかけてイギリス商船テティス号（Thetis）での試験で蒸気圧は125 psiを記録した。しかし、ボイラの水管の内部腐食によって破損して

しまい失敗に終わった。この失敗の理由として、水管ボイラの清掃と修理の困難さ、及び水の循環についての配慮が不十分であったからだとレジナルド・スケルトン（Reginald William Skelton）は後に述べている[28]。このような失敗にも関わらず、彼らはボイラと表面復水器の改良を続けた。

　1870年代には2段膨張機関と舶用円筒形ボイラ（通称スコッチ・ボイラ）が普及していたが、舶用3段膨張機関と水管ボイラの組み合わせが、再びアレキサンダー・カーク（Alexander Carneige Kirk）によって、1874年にリバプールのウィリアム・ディクソン（William Hepworth Dixon）所有のプロポンティス号（Propontis）に装備され試験が行われた。1874年の試験航海で、機関回転数70 rpm、蒸気圧力110 psiを記録したが、この試みもプロポンティス号で発生した2度のボイラ事故で頓挫した。原因は、僅かな海水がボイラ内に混入したことによる腐食であった。その後円筒形ボイラに交換されたが、この円筒形ボイラの蒸気圧は90 psiと高かったものの、3段膨張機関の運転にとっては不十分であった。その後、より高圧の蒸気を作るため円筒形ボイラの材料として、より引張強さの優れた鋼を使用することで解決された。

　以上のことは、機関の進歩に比較して、ボイラの進歩が遅れたという不整合が存在していたからであった。そして、ボイラの進歩を遅らせた要因には、構造材料の遅れもあった。その後、安価で品質の良い鋼材が入手可能となり、鋼を使用した耐圧性能に優れた全鋼製円筒形ボイラが完成した。

　これらの進歩の中で最も注目される進歩は、ボイラ用の引き抜き鋼管の技術的進歩が挙げられる。水管ボイラの進歩には、水管に使用される鋼管の製造が課題であった。最初は銅管が使われていたが、その後、引き抜いて製造される継ぎ目なし鋼管や重ね合わせ鍛接（lap-welded）鋼管が製造され使用されるようになった[29]。ボイラ用鍛接管としては、1842年にホワイトヘッド（C. Whitehead）とラッセル（T. H. Russel）等によって特許申請された製法がある[30]。その一方で、真鍮製管も1882年まで使用されていた。初期のベルビール・ボイラ（Belleville Boiler）に使用された管は、

重ね合わせ鍛接鋼管であったが1894年になると継ぎ目なし鋼管が使用された[31]。その後、直径6インチ以下の鋼管の場合は引き抜き加工で製造された継ぎ目なし鋼管が使用され、それ以上の大きな径の水管の場合は、重ね合わせ鍛接管が使用されたとのことである[32]。その後、1884年の自転車ブームを受けて、継ぎ目なし鋼管の製造要求が生じ、マンネスマン兄弟（R. & M. Mannesmann）やピルガー・ミル（Pilger Mill）によって継ぎ目なし鋼管製造に関する発明が続いた。水管ボイラの普及は、この継ぎ目なし鋼管の製造技術の完成まで待たねばならなかった。

6.5.3 復水器の進歩

円筒形ボイラにおけるボイラ事故は、高圧ボイラとして利用できると考えられていた円筒形ボイラの改良を停滞させてしまった。これらボイラ事故の原因の一つである、ボイラに供給される水の問題を解決しない限り、耐圧性能の高い強靭なボイラ材料を使用しても、問題の解決には至らなかった。

ボイラ水に海水を使用すると、第1に、沸騰を繰り返すことによって塩分濃度が高くなり、最終的に沸騰不能になる。このため、高温に維持されていたボイラ水を定期的に排出し、新しい海水を補給すると言う、大きな熱損失を起こすこと、第2に、ボイラ内に塩の堆積物が付着し、ボイラ過熱の原因となること、第3に、海水によってボイラ材に使用した鉄が腐食する、と言うような問題が生じていた。これらの問題を解決するためには、ボイラ水に真水の使用を可能にする表面復水器の開発が急務であった。

表面復水器（触面復水器・触面凝縮器とも呼ばれる）は、1834年にイングランド北東部の港湾都市ハル（Hull）のサミュエル・ホール（Samuel Hall）が特許（特許番号6556）を取った[33]もので、この表面復水器は排気蒸気を大気圧よりずっと低い復水器真空まで引くことが出来、復水器から得られる水は、極めて良質の蒸留水であったため、ボイラの腐食はある程度軽減できた[34]。この表面復水器は、1838年に最初の大西洋横断に成功したシ

図 46　サイド・レバー蒸気機関に装備されたホールの表面復水器（f）

出典：Edgar C. Smith, *A Short History of Naval and Marine Engineering*, Babcock and Wilcox, LTD., 1937, p. 155.

リウス号（Sirius）にも装備されていた。図 46 は、サイド・レバー蒸気機関に装備されたホールの表面復水器の装備状況を示したものである。また、表 45 に、当時のホールの表面復水器を装備していた蒸気船を示した。

　この装備状況について、スプラット（H. Philip Spratt）は「ホールの発明した表面復水器によって、きれいな蒸留水をボイラに送れるようになり連続運転が可能になった」[35]とまで述べている。しかし、ホールの表面復水器はコストが高すぎ、また、当時は低圧蒸気機関が主であったために、すぐには普及しなかった[36]。また、ホールの表面復水器は、構成する金属の伸縮に対する考慮が不十分であったために、破断・亀裂というような不具合があったため、復水器の冷却能力を高め、十分な真空度を高めることは困難であった。

　ジョン・スペンサー（John Frederick Spenser）は、この金属の伸縮という不具合をゴムパッキン（India rubber）を細管の端に取り付けることによって解決し、1857 年には、彼の表面復水器を装備した蒸気船、アラー

表45　ホールの表面復水器装備の蒸気船

船　名	船　主	航　路
Sirius	St. George S. P. Co.	ロンドン〜ニューヨーク
Megoera	Royal Navy	なし
Hercules	St. George S. P. Co.	コーク〜グラスゴー
Seahorse	St. George S. P. Co.	ハル〜ロッテルダム
Juno	St. George S. P. Co.	コーク〜ロンドン
Vulture	St. George S. P. Co.	コーク〜ロンドン
Tiger	St. George S. P. Co.	ハル〜ハンブルグ
Wilberforce	Humber S. S. Co.	ハル〜ロンドン
Kilkenny	Waterford S. N. Co.	ウォーターフォード〜ロンドン
Albatross	Boardman & Harman	ハル〜ヤーマス

出典：小林学『19 世紀における高圧蒸気原動機の発展に関する研究』北
海道大学出版会、2013 年、187 頁。

号（Alar）が登場している[37]。同時期に、P & O 汽船会社の新造蒸気船モ
ールタン号（Mooltan）にもこの表面復水器が装備されている。当時、ボ
イラの清掃と、少なくとも 4 回のボイラ水の排出にかかる費用は高額であ
り、この表面復水器の装備によってボイラの耐久性向上に加えて、ボイラ
清掃に必要な時間と経費の節約、及び従来のように海水が濃縮されたボイ
ラ水を廃棄する必要がなくなったことは、結果的に燃料経済性を向上させ
た。また、1856 年から 1859 年にかけて、前述のジョン・ローワン、トー
マス・ホートンとジョン・スコットによる、この表面復水器と 2 段膨張機
関と水管ボイラを装備したテティス号（Thetis）での実験を通して、1860
年代には、改良された表面復水器の導入がなされている[38]。表面復水器と
付属装置を図 47 に示す。また、モールタン号に装備された表面復水器は
図 48 に示すようなもので、図 47 と同様蒸気が細管内を通り、冷却のため
の海水は細管の外側を通るようになっていた。
　ところが、この表面復水器を装備したことによって、ボイラ材料に腐食
が確認された。エドガー・スミスは、「この事象が特に軍艦において頻発

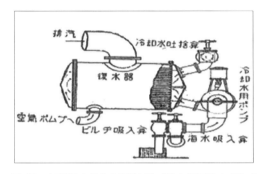

図 47　表面復水器と付属装置（現在使用物に近い）

出典：矢崎信之『舶用機関史話』天然社、昭和 28 年、108 頁。

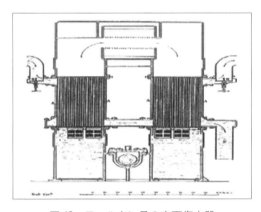

図 48　モールタン号の表面復水器

出典：小林学『19 世紀における高圧蒸気原動機の発展に関する研究』北海道大学出版
　　会、2013 年、190 頁。

し、そして、バラストタンクまたは純水タンクを開けっ放しにしておい
て、大気中にさらされた水を使ったときに起こっている」[39] ことを発見し
ている。また、このボイラ材料の腐食は軍艦以外でも起きており、1874
年にイギリス海軍本部は、この腐食の解明のための委員会を設置し、使用
している錬鉄と鋼の性質、ボイラの製造、取り扱い、維持整備の方法、塩
水と淡水の影響、及び石灰とソーダ灰とボイラ組成と亜鉛片の使用につい

て4年間にわたり調査したが、十分な結果が得られず、1878年に元の委員会に代わって有限責任（limited）委員会が引継ぎこの仕事を完成させた。報告書は全3巻からなり170件以上の貴重な対策がまとめられていた。対策には、亜鉛片を広範囲に使用することも含まれており、大きな改善をもたらした。この腐食の原因については、当初、復水器からボイラに送られる供給水に潤滑油が分解した際に発生する脂肪酸のためであると考えられたが、有限責任委員会の結論は、ボイラの給水に空気が混入するためであるとされた。この委員会の報告書は、軍艦と商船の両方にとって非常に有益なものであることから、イギリス海軍本部はこの報告書を"Steam Manual for Her Majesty's Fleet; containing Regulations and Instructions relating to the Machinery of Her Majesty's Ships" として 1879 年に第一版を出版している[40]。そして、1879年に最初の "Steam Manual" が海軍の操法教範として出版された。ここで、空気をボイラ水から出来る限り取り除く方法が示された[41]。また、この教範には、ボイラ表面に保護のための薄いスケールの塗布と、ボイラ水を塩基性に保つことを勧めている[42]。ボイラの腐食の原因が、表面復水器で造られた蒸留水に混入した空気であることが判明し、空気の混入を防ぐ方法も示されたが、ボイラ及び機関の安全弁や接合部からの蒸気漏洩は完全に防ぐことはできず、蒸気漏洩で減少した水の補給は海水に頼らざるを得なかった。そして、海水を補給するたびにボイラ水は濃縮され、海水を使用していた頃の状況に近くなった。このためボイラへの補給水それ自体も真水にすることが考えられた。

　ボイラ供給用の海水を蒸留するための装置は蒸発器（evaporator）と呼ばれ、1832年にフランス人のソーシェ（Soshet）が多重効用型蒸発器（multiple-effect evaporator）を発明し、1834年にサミュエル・ホールも図49に示す表面復水器用の蒸発器を作っている[43]。ホールは主ボイラの蒸気だめ（steam saver）の中に海水を蒸留するための容器を設置し、そこから蒸留水をボイラに供給した[44]。

　また、アルフォンス・ノーマンディ（Alphonse Normandy）は、図50に

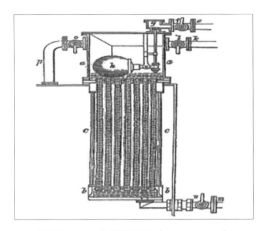

図 49　ホールの蒸発器（evaporater）

出典：Edgar C. Smith, *A Short History of Naval and Marine Engineering*, Babcock and
　　　Wilcox, LTD., 1937, p. 155.

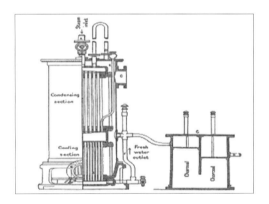

図 50　ノーマンディーの蒸留器（distiller）

出典：Edgar C. Smith, *A Short History of Naval and Marine Engineering*, Babcock and
　　　Wilcox, LTD., 1937, p. 224.

示すような蒸気を凝縮する部分と、蒸気を冷却することによって水に替え
る部分とから構成された蒸留器（distiller）を発明している。しかし、これ
らも表面復水器と同様、すぐには使用されず、3段膨張機関の導入と同時
期（1870年代）に再導入された。再導入された蒸発器は、蒸気加熱用のコ

イルを備えたものに改良され、1873年にフランス海軍の小型砲艦クロコディール号（Crocodile）に装備された。そして1880年代に入ってからウィアー社（Weir）、ケアード・レイナー社（Caird & Rayner）、カーカルディ社（Kirkaldy）やその他の会社によって製造され、ボイラ供給水用として使用されるととも飲料水としても利用された[45]。

このように、表面復水器も当初設計されたものでは不十分であった。また、表面復水器を装備することによる不具合や、機関の安全弁や接合部からの蒸気漏れに端を発する海水補給問題等、表面復水器、ボイラ、機関それぞれの進歩の状態に遅れ・進みがあり、相互間に不整合が存在していたといえる。これら、個々の問題が解決されたのは発明から40年近くたってからのことであった。

6.5.4 19世紀最後の25年間における蒸気機関の進歩

蒸気船が早期に帆船に代われなかった最大の技術的要因の一つは、燃料消費量が極めて多かったことであることは、すでに述べたとおりである。このため、遠洋航路進出への最初の対策は、自航用燃料炭が十分に積載できる鉄製船体による大型化とスクリュー・プロペラの装備であったことは、前述したとおりである。この燃料消費量の削減のためには、熱効率のよい機関を完成させることであった。そのためには、ボイラと復水器が一定の発達段階にある必要があったのはこれまで見たとおりである。

舶用蒸気機関の効率の飛躍的改善に最初に成功したのは、5.1.1項で述べたとおりスコットランドの技術者ジョン・エルダーとチャールズ・ランドルフであった。その方法は力のバランスをとるように複数のピストン軸を駆動することで軸受けの摩耗を減らした2段膨張機関であった[46]。1854年に、この2段膨張機関を装備したブランドン号の試験航海での燃料消費量は、毎時毎馬力当たり3.25 lbsで約20%の削減を達成している。引き続いて建造された中の1隻、ボゴタ号（Bogota）の燃料消費量の削減は50%以上であったことを、エルダーは1858年と1859年に英国協会に報告している。1866年までにエルダーとランドルフは48セットの2段膨張機関を

製造している。その内訳は外車用に 18 セット、スクリュー・プロペラ用
に 30 セットであった。しかし、彼らの 2 段膨張機関は、使用蒸気圧が 25
〜 30 psi で、当時の低圧機関の蒸気圧とほぼ同じであり、ボイラも耐圧
性能が低い箱形が使用されていたために、高圧機関を設計したとは認めら
れなかった。しかし、2 段膨張機関によって燃料効率が向上した事実は否
定できなかった。その後、1866 年までに P & O 汽船会社が 10 隻の船に 2
段膨張機関を装備し運航を開始し、他の汽船会社では大洋蒸気船会社
(Ocean Steam Ship Company) がある。その他に、アルフレッド・ホルト
が設立したブルー・ファンネル・ライン (Blue Funnel Line) 社の東洋貿易
用に建造された 3 隻の蒸気船、アガメムノン号 (Agamemnon)、アジャッ
クス号 (Ajax) 及びアキレス号は、一つの高圧シリンダと一つの低圧シリ
ンダを上下に重ね（これを Tandem という）、一つのクランクで回転させる
縦型縦列機関 (vertical tandem engines) を装備していた。この機関の選択
は、船体スペースと重量軽減が目的であった[47]。そして、これらの船は、
英国とモーリシャス間 8,500 マイルを無補給で航行したことは、前述した
とおりである。その後も 2 段膨張機関の装備は続き、1880 年代初めには
実質的に全ての蒸気船は 2 段膨張機関によって運用されていた。蒸気圧も
徐々に増加し表 46 に示すように 1880 年代には 100 psi を超えるようにな
った[48]。

表 46　2 段膨張機関の進歩の跡

年	船　名	船長	トン数	ボイラ圧力	シリンダ数と直径	ストローク	I.H.P	速力
1874	Britanic	455	5004	70 psi	2-48　2-83	5　ft	4971	13　kt
1879	Arizona	450	5164	90	1-62　2-90	5.5	6357	17.3
1881	City of Rome	560	8141	90	3-43　3-86	6	11890	18.2
1881	Servia	515	7390	90	1-72　2-100	6.5	10300	17.8
1881	Alaska	500	6932	100	1-68　2-100	6	11000	17.75
1884	Umbria	520	8120	110	1-71　2-105	6	14500	19

出典：Edgar C. Smith, *A Short History of Naval and Marine Engineering*, Babcock and
　　　Wilcox, LTD., 1937, p. 182.（翻訳）
（注）I.H.P：Indicated Horsepower

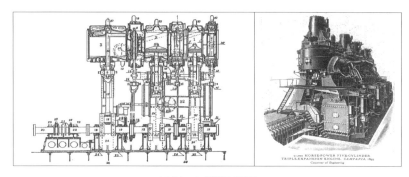

図 51　3 段膨張機関

出典：左図：上野喜一郎『船の歴史 第 3 巻（推進編）』天然社、昭和 33 年、127 頁。
　　　右図：Edgar C. Smith, *A Short History of Naval and Marine Engineering*, Babcock and Wilcox, LTD., 1937, p. 246.

　その後の進歩によって、船は更に大きく、頑丈にそして速くなり、2 段膨張機関に代わって図 51 に示すような 3 段膨張機関（triple expansion engine：3 連成機関ともいわれる）が採用され、更に大きく、より速い船の建造が可能になった。19 世紀最後の 25 年間の舶用蒸気機関の非常な進歩の特徴は、150 ～ 250 psi の蒸気圧で作動する 3 段及び 4 段膨張機関（quardruple expansion engine：4 連成機関ともいわれる）の発展と装備の期間といって疑いなかろう。3 段膨張機関は、2 段膨張機関が単機関より優れていたように、2 段膨張機関より優れている。一方で、3 段膨張機関の装備には、他の機器の進歩を必要とし、特により高圧が必要であり、円筒形ボイラから水管ボイラへの移行を促した。また、機関の大型化と速度の増加は、ピストンやピストン・ロッド、シャフト、バルブそしてバルブギヤー、ベアリングや潤滑油等における新材料の開発と使用を促し、そして忘れがちであるが、それら相互の釣り合い（整合）を図ることであった[49]。

　蒸気を 3 段に膨張させることについては、フランスの蒸気機関車の技術者アナトール・マレット（Anatole Mallet）が 1823 年に指摘している。そして、最も速く 3 段膨張機関を実際に作ったのは、ダニエル・アダムソン

(Danieru Adamson）で、陸用として 1861-62 年に作成された。これを最初
に蒸気船に採用したのは、イギリス人ベンジャミン・ノルマンド
(Benjamin Normand）であり、彼は 1870 年にその機関を作り、翌年セーヌ
河でボート番号 30（Boat No. 30）に取り付けている。彼は 2 つのクランク
を有する 3 段膨張機関を 1871 年にファルコニア号（Faulconeer）に、1872
年にモンテズマ号（Montezuma）に装備している。当時、他に 4 人が 3 段
膨張機関を研究していたが、1872 年にファーガソン（Ferguson：名不詳）
がこれをランチのメリー・アン号（Mary Ann）に、1873 年にフランクリ
ン（Franklin：名不詳）がこれを小型船セクスタ号（Sexta）に、1874 年に
カーク（Kirk：名不詳）が航用船プロポンティス号に、更に 1876 年にはア
レクサンダー・テイラー（Alexander Taylor）がこれをヨットのイサ号
(Isa）に取り付けている[50]。

　3 段膨張機関装備の最も良い成功例としては、ジョージ・トンプソン社
(G. Thompson and Company）が、これまで帆船で行われていたオーストラ
リアまたは中国航路に投入するために、ネイピア社（R. Napier and Sons）
に建造を依頼した大型蒸気船アバディーン号（Aberdeen）がある。アバデ
ィーン号は全長 350 ft、4,000 トンの大型船で、蒸気圧力 125 psi の 2 基の
全鋼製両面缶式円筒形ボイラ（double-ended cylindrical bioler）と 3 つのク
ランクを有する 3 段膨張機関を装備し、1881 年に進水した。その 3 段膨
張機関は、後に多く製造された機関の原型であった。1881 年 4 月 1 日プ
リマスを 4,000 トンの物資と石炭を積んで出港、喜望峰で燃料炭を補給
し、5 月 14 日にメルボルンに入港、42 日間の航海であった。平均馬力は
1,880 馬力、石炭消費量は毎時 1.7 lb/Hp. であり、アバディーン号の処女
航海は過去に例のない高い成功を収め、同船の 3 段膨張機関は、同船が解
体されるまで交換はされなかった。そして、1886 年 7 月 29 日の造船技術
学会誌（Institution of Naval Architects）の誌上で、ロイド船級協会の主任
機関検査官のウィリアム・パーカー（William Parker）は、アバディーン号
の就役以来少なくとも 150 基の 3 段膨張機関がイギリスの商船のために製
造され、その 20 基は 2 段膨張機関が 3 段膨張機関に取りかえられたもの

であったと報告し、そのリストを作成している[51]。

　4段膨張機関は、1884年にイギリスで建造されたカウンティー・オブ・ヨーク号（County of York）に装備されたが、装備数は少なかった。1894年に、マッド（Mudd：名不詳）がインクモナ号（Inchmona）のために、5つのクランクを持った4段膨張機関を設計している。この機関の馬力は948馬力と小さかったが、蒸気圧力は255 psiで、石炭消費量は毎時1.15 lb/Hp.であった。大西洋航路で最初に3段膨張機関を装備した蒸気船は、アルラー号（Aller）で同型船数隻に装備されている。それらは、1軸のスクリュー船で、速力は余り速くなかった。その後インマン・ラインが投入したシティー・オブ・パリー号（City of Paris）とシティー・オブ・ニューヨーク号（City of New York）は2軸のスクリュー船で速力も20ノット以上であった。以上の3段膨張機関及び4段膨張機関を装備した蒸気船のボイラは、いずれも全鋼製円筒形ボイラであった[52]。

　その後、この全鋼製円筒形ボイラ以上の蒸気圧力を発生させ、かつ小型ボイラの要求がおこり、円筒形ボイラよりも耐圧性能の面で優れていた水管ボイラの開発に力が注がれた。

6.6　技術複合体的見地からの移行時期

　帆船と蒸気船を構成する各装置相互間の照応・整合性の状況について検証してきた。その結果、帆船にはなかったが、蒸気船には構成する各装置の完成度の遅れ進みに起因する装置相互間の不整合が存在し、これが直接帆船から蒸気船への移行時期に影響を及ぼしていたことが明らかになった。そして、この蒸気船における構成装置間の不整合の問題は、主として舶用蒸気機関を構成する、ボイラ、機関、復水器それぞれの技術的進歩に起因する相互間の整合性の遅れにあったことを確認した。それら構成品の進歩の過程での、相互間の不整合の状況とその対応を体系的にまとめると表47のとおりである。

　また、蒸気船の進歩の状況を時系列的にまとめると表48のとおりである。そして、これらを、より詳細に示したものを、付図1及び付図2に示

表 47　舶用蒸気機関の進歩における不整合とその対応

不整合の事例	状　　況	対　　応
船体と 舶用蒸気機関	限られた容積に対し機関が大きすぎる	船体の大型化と機関の小型化 （鉄製船体と 2 段膨張機関）
木造船体と 舶用蒸気機関	・蒸気機関の振動に 　よる接合部の緩み ・ボイラの放射熱に 　よる木材の腐食	木材に代わる鉄製船体の導入
鉄製船体と 舶用蒸気機関	・燃料消費量が多く 　効率が悪い ・自航洋燃料炭の 　占める容積が過大	燃料消費量が少ない効率的な舶用 蒸気機関の開発（2 段膨張機関）
ボイラ と 海水給水	・腐食と塩の堆積 ・爆発事故の発生 ・高温水の定期的排出	真水製造用の復水器の開発 （噴射式から表面復水器への変更）
ボイラ圧力 と 構造材料	耐圧強度の低い構造材使用による爆発	全鋼製ボイラの開発 （ジーメンス・マルタン法に よる安価で均質な鋼材の登場）
ボイラと 復水器	・復水器のコスト高 ・普及の遅れ	コストの低い復水器の開発
ボイラと 補給水	蒸気漏れによる真水の不足を海水で補給	補給用真水製造装置の開発 （蒸発器或いは蒸化器の装備）
機関と ボイラ圧力	2 段膨張機関に対して低いボイラ圧力	箱形ボイラから円筒形ボイラの採用
ボイラ構造材と 材料技術	パイプ製造技術の遅れ	継ぎ目なし引き抜き鋼管の導入

した。

　物資輸送用蒸気船が、それを構成する各装置相互間の整合性がある程度はかられ、帆船に対抗できる物資積載容積を確保できるようになったのは、1870 年代に普及した 2 段膨張機関の装備とスエズ運河の開通以降のことである。しかし、その当時の蒸気船も給炭基地が整備されるまでは、依然として自航用燃料炭をかなりの量積載する容積が必要であり、この時

表 48　蒸気船の進歩の状況

年　代	蒸気船の形態	機関形態	ボイラ形態	復水器形態 ボイラ給水
〜1818	木造船体 外車	単式レバー	箱　形	な　し
1819〜	木造船体 外車	単式レバー	鉄製箱形	噴射復水器 海　水
1836〜	鉄製船体 外車	単式レバー	鉄製箱形	表面復水器 真水＋海水補給
1843〜	鉄製船体 スクリュー・プロペラ	単式回転	円筒形	表面復水器 真水＋海水補給
1853〜	鉄製船体 スクリュー・プロペラ	2段膨張	鉄製円筒形	表面復水器 真水＋海水補給
1884〜	鋼製船体 スクリュー・プロペラ	2〜3段膨張	全鋼製円筒形	蒸化器付 表面復水器 真水＋真水補給

期を帆船から蒸気船への分岐点であったと結論付けるには、やはり無理が
あると考える。その証左として、海運業界は輸送する物資の種類や、輸送
距離による経済性、及び緊急性等を勘案し、帆船か蒸気船かの選好をして
おり、依然として帆船はかなりの量使用されていたことがあげられる。

　また、安価となった鋼材を使用することにより、より高圧が可能な全鋼
製円筒形ボイラを装備した3段膨張機関のような、より効率的な舶用蒸気
機関の登場と、鋼材使用による船体重量の軽減に伴う物資積載容積の増
加、及び給炭基地の整備が進み、物資輸送だけで採算がとれる運航ができ
るようになった時点である1880年代後半を、船舶を一つの技術複合体とい
う見方で検証した場合の帆船から蒸気船への移行時期であったと結論付
けられることが、表48からも読み取れる。この時期は、グラハムが述べ
ているように、船腹量で蒸気船が帆船を逆転した時期と奇しくも同じ時期
であり、彼が述べた移行時期を技術面で裏付けしたものと考える[53]。そし
て、このことは、図52で示すようにイギリスの新造船の純トン数[54]で蒸

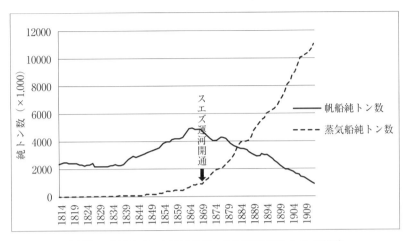

図 52　イギリスにおける帆船と蒸気船の純トン数の推移

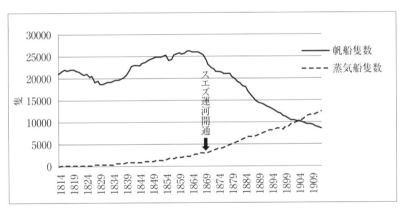

図 53　イギリスにおける帆船と蒸気船の隻数の推移

気船が帆船を逆転した時期でもある[55]。ただし、イギリスにおける新造船の隻数の推移を見てみると、図 53 のように蒸気船が帆船を逆転したのは 1900 年に入ってからであり、帆船の建造は 20 世紀に入ってからも続けられていたことを示している。

第 6 章の注

1） 佐藤建吉「ヨーロッパ産業革命」、日本機械学会編『新・機械技術史』日本機械学
　　会、2010 年、291-317 頁。
2） 坂本和一「製鉄業における機械体系の確立過程」京都大学経済学会『経済論叢』
　　第 100 巻第 2 号、80 頁。
3） 佐藤、前掲書、317-320 頁。
4） John Harold Clapham, *An Economic History of Modern Britain*, Vol. 2, Cambridge
　　University Press, 1932, p. 63.
5） Gerald S. Graham, "The Ascendancy of the Sailing Ship 1850-85", *The Economic
　　History Review*, New Series, Vol. 9, No. 1, 1956, p. 87.
6） *Ibid.*, p. 87; Angeier, *Fifty Years of Freights*, Report of 31 December 1884, p. 62.
7） *Ibid.*, p. 87; J. S. Jeans, *The Iron Trade of Great Britine*, London, 1906, pp. 4-5.
8） *Ibid.*, p. 87.
9） Romala Anderson（松田 常美訳）『帆船 6000 年の歩み（原題：*The Sailing Ship-
　　Six Thousand Years of History*)』成山堂、2002 年、141 頁。
10） S. リリー（伊藤新一・小林秋男・鎮目恭夫訳）『人類と機械の歴史増補版』岩波書
　　店、1968 年、176-177 頁。
11） L. T. C. ロルト（磯田浩訳）『工作機械の歴史』平凡社、1989、55-63 頁。S. リリ
　　ー（伊藤新一、小林秋男、鎮目恭夫訳）、前掲書、178 頁。
12） 佐藤建吉、前掲書、325 頁。
13） 『国民百科事典』第 10 巻、平凡社、1979 年、506 頁。
14） 例外的な帆船として、1854 年にオーストラリア航路に導入され、ロイド船級協会
　　によって純粋な帆船（pure sailing ship）と補助蒸気船（auxilary steamer）の中
　　間に位置付けされた、補助蒸気動力とスクリュー・プロペラを装備した Argo 号
　　のような鉄製帆船もあったが、これらも、他の構成品との照応はなく、独立した
　　技術的要素であるとともに、この種の船の航海記録を見ると殆どが帆走であり、
　　風が得られない時や狭水道等の航行、及び出入港にのみ使用され、基本的には帆
　　走、補助蒸気機関はあくまで補助として使用されていた。
15） L. T. C. ロルト（高島平吾訳）『ヴィクトリアン・エンジニアリング』鹿島出版
　　会、1989 年、103 頁。
16） W. A. Baker, *From Paddle-Steamer to Nuclear Ship: A History of the Engine-
　　Powered Vessel*, London: Watts, 1966, pp. 10-12.
17） 矢崎信之『舶用機関史話』天然社、昭和 28 年、78 頁。
18） 今野源八郎編『交通経済学』青林書院、昭和 34 年、33 頁。
19） ジョージ・ネイシュ（須藤利一訳）「造船」、チャールズ・シンガー『技術の歴史
　　第 8 巻 産業革命／下』第 19 章 筑摩書房、1979 年、501 頁。
20） 小林学『19 世紀における高圧蒸気原動機の発展に関する研究』北海道大学出版
　　会、2013 年、210 頁。
21） 1858 年に進水したグレート・イースタン号の場合、スクリュー・プロペラと外車

200

の両方を装備していたが、スクリュー・プロペラ用の機関は 4000 馬力で、スクリュー・プロペラ回転数は 45 ～ 55 rpm、外車用機関は 2600 馬力で回転数は 10 ～ 12 rpm であり、蒸気圧力は 12 ～ 25 psi であった（小林、前掲書、44 頁）。

22)　D. S. L. Cardwell, Richard Hills, "Thermodynamics and Practical Engineering in the Nineteenth Century", *History of Technology*. 1976, pp. 1-20.；小林、前掲書、44 頁。

23)　小林、前掲書、45、46 頁。

24)　H. W. ディッキンソン（磯田訳）『蒸気動力の歴史』平凡社、1994 年、149-150 頁。

25)　Bramwell, "Economiy of Fuel in Steam Navigation, Considered in Relation to Compound-Cylinder Engines and High-Pressure Steam", *Proceedings of the Insitution of Mechanical Engineers*, 1972, pp. 130-131.

26)　小林、前掲書、183 頁。

27)　同上、183 頁：小林が示した 2psi という商務省の答申に対して、ブライアン・レイヴァリの『船の歴史文化図鑑』には「蒸気機関の効率には実用上限界があると言うワットの見解を鵜呑みにするとともに、イギリスの海洋技術者にはボイラの蒸気圧を高圧にできないと言う制約も課せられていた。即ち、既に陸上で高圧ボイラは使われていたが、19 世紀初めに高圧ボイラの破裂事故がしばしばおこったために、イギリス商務省の検査官は船舶のボイラに対して慎重な姿勢を崩さず、概ね 20 psi（1.4 kg/cm^2）を超える圧力を許可しなかった」という記述もある（ブライアン・レイヴァリ（増田義郎・武井摩利訳）『船の歴史文化図鑑―船と航海の世界史―』悠書館、2007 年、178 頁）。

28)　R.W. Skelton, "Progress in Marine Engineering", *Proceedings of the Insitution of Mechanical Engineers*, 1930, p. 22.

29)　James Mckechnie, "Review of Marine Engineering during the Last Ten Years", *Proceedings of the Insitution of Mechanical Engineers*, 1901, p. 619.

30)　今井宏『パイプ作りの歴史』アグネ技術センター、1998 年、96-98 頁。

31)　Skelton, *op. cit.*, p. 42.

32)　Mckechnie, *op. cit.*, p. 619.

33)　Edgar C. Smith, *A Short History of Naval and Marine Engineering*, Babcock and Wilcox, LTD., 1937, p. 153.

34)　それまで用いられていたワットの噴射復水器では、冷却されるべき蒸気と冷却水とが一室で混合するため、これを船に用いると海水と蒸気が一緒になり、それを給水に用いるとボイラに海水を入れる結果となる。表面復水器は二部にたくさんの黄銅細管があり、この管の内側または外側にポンプで海水を流し反対側に排気を触れさせるため、排気は冷却水と混合せず復水し真水が得られる（矢崎信之、前掲書、108 頁）。

35)　H. P. スプラット（石谷、坂本訳）「舶用蒸気機関」、チャールズ・シンガー『技術の歴史 第 9 巻 鉄鋼の時代／上』第 7 章 筑摩書房、1979 年、120 頁。

36) Smith, *op. cit.*, p. 154.

37) J. F. Spencer, "On the Mechnical and Economical Advantages and Disadvantages of Surface Condensation", *Transactions of the Institution of Engineers, Scotland*, 4, 1860-61, p. 74.

38) この表面復水器の実験の結果は、ローワンの息子のフレデリック・ローワン（Frederick J. Rowan）が1879年に行われた「スコットランド技術者と造船業者協会（*The Institution of Engineers and Shipbuilders in Scotland*）」の講演会で報告している（Frederic J. Rowan, "On the Introdution of the Compound Engine, and Economical Advantage of High Pressure Steam; with a Description of the System Introduction by the late Mr. J. M. Rowan", *Transactions of the Institution of Engineers*, Ship. Scotland, 23, 1879-1880, pp. 52-97）。

39) Smith, *op. cit.*, p. 191.

40) *Ibid.*, pp. 192-193.

41) 当時、海水を蒸留して給水する装置は、漏水が避けられず、装置内への海水の流れ込みは避けられなかった。

42) Skelton, *op. cit.*, p. 19.

43) Smith, *op. cit.*, p. 223.

44) F. H. Peason, *The Early History of Hull Steam Shipping*. 1984, pp. 37-38.

45) Smith, *op. cit.*, pp. 223-5.

46) William John Macquorn Rankine, *A Memoir of John Elder, Engineer and Shipbuilder*. Edinburgh, William Blackwood and Sons, 1871, pp. 28-30.

47) Smith, *op. cit.*, pp. 178-180.

48) *Ibid.*, p. 181.

49) *Ibid.*, pp. 238-241.

50) *Ibid.*, pp. 242-243.

51) *Ibid.*, pp. 244-245.

52) *Ibid.*, pp. 246-247.

53) 山田浩之は彼の論文「海運業における交通革命」で、3段膨張機関より2段膨張機関の一般化が、帆船から蒸気船への移行においてはより重要であるとの立場を取っている。

54) 純トン数（Net Tonnage または Regisutered Tonnage）：純トン数とは、容積トンで単位は総トン数と同じであるが、船の容積の内、実際に商売に使用し得る容積をしめすものである。即ち総トン数から船員常用室、機関室等の容積を控除したものである。この控除については細かい規定が設けられている。ここでは、帆船も旅客容積が存在することから純トン数で比較した。また、純トン数で蒸気船が逆転できたのは、大型化に加え、物資輸送容積が舶用蒸気機関の進歩によって増加したことが大きい。

55) 全世界の船腹量で見た場合は、序章の注16の表「世界船腹量とイギリス船腹量」のとおりで、船腹量が帆船を逆転したのは、イギリスの場合より遅く1890年から

1900 年の間である。

おわりに

　序章で述べたとおり、製鉄業の発展と蒸気動力機械の発展によって「鉄と蒸気の時代」といわれた19世紀は、18世紀後半から始まったイギリスの産業革命の発展によって、製造面におけるそれまでの手工業が工場制機械工業に取って替わられ、大量の物資の生産が可能となった時代であった。これらの物資は、陸上輸送では運河や馬車に替わって蒸気機関車による鉄道が、海上輸送では蒸気船が、帆船に替わる新しい輸送手段として大きな期待を持って迎えられた。しかし、実際に19世紀をとおして海上物資輸送を担ったのは帆船であった。この点については、船腹量において蒸気船が帆船を凌駕したのは1880年代中頃であり、物資輸送量においては1890年代であったという事実を見ても分かる。大きな期待を持って迎えられた蒸気船であったが、予想に反して19世紀末までの長い期間、物資輸送を担い続けたのは帆船であった。この事実に対する疑問の解明が本書の主たる目的であった。

　蒸気船への移行が遅れた要因として、これまでの研究者は海運業における経済性・労働生産性の面からと、舶用蒸気機関における技術進歩の面からの研究に分かれており、帆船が19世紀をとおして物資輸送を担い続け、蒸気船に対して優位を継続していたことを単に確認するというものとなっている。また歴史家の関心も、蒸気機関に集中しており、蒸気船の未成熟という側面からの検証に偏っている。そして、移行時期を特定する尺度として、船腹量・物資輸送量という量的な面、スエズ運河の開通で代表されるインフラストラクチュア整備の面、そして舶用蒸気機関の進歩という技術面での尺度にわかれている。

　船腹量・物資輸送量という量的な面からの論者は、その移行時期を1880年代中頃であったとし、インフラストラクチュア整備の面からの論者は、スエズ運河の開通の時期である1869年を移行時期とし、技術面からの論者は、2段膨張機関の装備が一般的となった1870年代としている。

また、スエズ運河の開通時期と2段膨張機関の装備時期とを重ねて、1870年代初期とする論者もいる。このように移行時期を考える尺度によって、その移行時期に相違が存在している。特に、技術面からの移行時期の研究は、主として舶用蒸気機関という蒸気船を構成する一構成品に偏っており、物資を輸送する手段としての蒸気船の進歩の過程を体系的には論じられてはいない。そこで、19世紀をとおして、物資輸送手段としての「帆船」と「蒸気船」の進歩の過程を、当時の各種製造業の進歩とも関連付けて体系的に考察することによって、帆船から蒸気船への移行時期を再考することとした。

19世紀に至るまでの造船は大工仕事で、船大工という言葉に象徴されるように、主として伝承と経験に基づいたものであった。一方で、17世紀末以降、諸国の海軍が艦艇の規格を統制し標準化を進めた結果、建造前に船の浮揚性、移動性、積載性などを予測する数学理論が提唱されるようになった。しかし、このような進歩的な造船研究に着手したのは、ドックで働く技師ではなく実地経験の乏しい数学者たちであった。この研究には当時を代表する学者であった、J.ベルヌーイ（Johann Bernoulli）、オイラー（Leonhard Euler）、ダランベール（Jean Le Roud d' Alembert）らも加わっている。一方、海軍の艦艇建造に関しては、18世紀にすでに、船体模型を使用した船体構造の研究を行っており、経験と伝承から得られた技術をまとめた造船術の書物も出版され、建造前に船の安定性を算出する域に達していた。

そして、18世紀末には、小型ではあるがワットの発明した複動式蒸気機関を装備した木造船も現れている。一方、帆船は、旧来の状況とほとんど変わらず、船体が少し大きくなった程度であった。このような状況の中、18世紀後半から始まった産業革命の進展によって生じた、大量の物資の輸出と、その原材料の輸入の必要性から、船舶需要が増大した。しかし、この当時は16世紀以降の製鉄用木炭の確保や、農耕地の拡張や道路の建設等のために森林の伐採が進み、造船用の木材不足が逼迫し、植林による努力も追い付かず十分な新造船の建造は困難な状況であった。このた

め、戦時拿捕船の利用や、植民地での建造及び輸入木材による建造で、需要の増加に応えた。一方、当時の蒸気船はというと、その容積のほとんどを舶用蒸気機関と燃料炭で占められ、運航状況は石炭補給が容易な沿岸域及び近距離に限られ、帆船に替わって、物資を積載して外洋を航海できる能力は備えていなかった。

　本論でも述べてきたとおり、19世紀前半期の舶用蒸気機関は重くて大きく、且つ著しく燃料効率が悪かったために、長距離を航海するためには、その距離に見合う大量の自航用燃料炭を積載する必要があった。このため船体の大型化が図られ、帆船より早い時期から鉄製船体が導入された。また、外洋航海のために、外車より効率的で安全な航行が可能なスクリュー・プロペラ推進器も導入された。鉄製船体による大型化と、スクリュー・プロペラの導入は、大量の物資の輸送は困難であったものの、郵便物や旅客、及び小型で嵩張らない高級貨物の輸送を可能にした。そして、1843年建造のグレート・ブリテン号は、物資輸送船としては適合していなかったが、19世紀前半期における蒸気船の完成形態であった。

　蒸気船サヴァンナ号による大西洋横断の成功以降、蒸気船による大西洋横断が一般化し、帆船船主にとっては、蒸気船による物資輸送業務への参入という脅威から、蒸気船に対抗できる帆船の建造に努めた。その始まりは、アメリカのボルティモアで建造された速度を最優先した、ボルティモア・クリッパーで代表される快速帆船の建造であった。このアメリカのクリッパーによる中国茶交易への参入と、その速度に触発されたイギリスの造船業界と海運業界は、アバディーン・クリッパーに代表される快速帆船の建造をはじめたが、当時は依然として木材不足であり、アメリカのクリッパーと同程度の大きさの船の建造は困難であった。そこで、イギリスの造船業者は、船体の強度部材に鉄を使用することによる、より大きく、船体強度が向上した木鉄交造帆船の建造をはじめた。この木鉄交造船技術がティー・クリッパーにも導入されたことにより、一時期アメリカに奪われていた海上貿易の覇権を回復することができた。木鉄交造船技術は、船体の大型化は勿論、船体強度の向上と軽量化も図ることができ、物資積載量

も増大することができた。また、安価に手に入るようになった鉄材は、マストや索具にも利用され、更に船体重量の軽減が図られた。このようにして優位を維持した帆船であったが、さらに、当時の最新技術である蒸気動力を利用した蒸気動力揚錨機や蒸気動力ウィンチ等の機械類の装備による省人化にも努め、運賃の低減を可能にした。また、外板が木材であったことから船底への海洋生物の付着を防ぐための船底への銅板被覆が可能で、船足（船の航行速度）の低下を防ぐことができ、鉄製船体のために銅板被覆ができない蒸気船は、船底への海洋生物の付着等で急速に速力が低下し、速度の面でも太刀打ちできなかった。このように、帆船は運賃低減のために新技術の導入を積極的に継続していた。さらに、当時刊行されたモーリー大尉の分析・研究による水路誌は、効率的な帆船の航海計画の事前立案が可能となり、航海期間の短縮と、経費の削減に寄与した。加えて、カルフォルニアとオーストラリアの金鉱の発見は移民を急増させ、移民船として運賃の安い帆船が利用された。このような、帆船の経営努力の背景には、これまで造船技術の発展の足枷であったトン税測定法の廃止によって、自由な設計が可能になったこと、及び航海条例の撤廃によってイギリス船舶への保護政策がなくなり、イギリスもアメリカをはじめとする海運各国との競争に勝てる帆船の建造が急務となったことが挙げられる。

　一方、蒸気船は、その航海の定期性と確時性から早くから帆船に代わって郵便輸送船として政府との契約の下で運航されていた。請け負った蒸気船運航会社には、郵便補助金という高額の補助金が政府によって支払われていた。政府は、この補助金の見返りとして、郵便輸送を行う蒸気船の建造は政府（海軍省）の提示する建造仕様書によって建造されることと、有事には海軍艦艇として徴用できること等が契約で定められ、蒸気船運航会社独自の改善や改造は政府の許可が必要であった。しかし、蒸気船運航会社にとっては、自ら帆船のような経営努力をしなくとも、郵便補助金によって経営が安定していたこともあり、新技術の導入に対して帆船船主ほど積極的ではなかった。帆船が新技術を積極的に導入し、物資積載量の増加と経費の削減に努め運賃の低減を達成したのに比べ、蒸気船は、郵便補助

金という保護政策のために、かえって技術的な進歩を遅らせる結果となり、物資輸送における帆船の優位を維持させることになった。

この状況を変化させる契機となったのが、スエズ運河の開通による航海距離の短縮と、ジョン・エルダーらの発明による、燃料効率を格段に向上させた2段膨張機関を装備した蒸気船による長距離無補給航海の成功であった。スエズ運河の開通は、蒸気船に有利な条件を与えたが、開通以前に建造された大型の蒸気船は、スエズ運河を通航するには大きすぎることがしばしばであり、運河の効果を100％利用するために多くの船主は、条件に合わない蒸気船を廃船とし、スエズ運河通航の大きさに合致した新しい蒸気船（いわゆる"スエズ・マックス"）を建造した。このため一時的に蒸気船建造ブームがおこり、帆船の建造数の増加が1.08倍であったのに対して、蒸気船のそれは6.8倍に増加した。これら新造蒸気船は、効果が実証された2段膨張機関を装備していたが、造船技術そのものに大きな変革は見られなかった。

その後、スエズ運河の利用と、2段膨張機関を装備した多くの蒸気船の就役に伴い、蒸気船は世界各地に運航されるようになった。そして、蒸気船を運航する会社は世界各地に自航用燃料炭の給炭基地を整備した。これらの状況の変化は、蒸気船が帆船に替わって物資輸送を担うことを確実視させた。しかし、予想に反して物資の輸送量は依然として帆船が蒸気船を凌駕していた。この要因には、世界各地の給炭基地への石炭輸送が、帆船にとっての新しい活躍の場を与えたこと、海運業者による物資の種類と輸送距離による輸送手段の選好が行われ、石炭補給が困難な地域や、大量で嵩張る物資や、速度を必要としない物資は帆船が利用された。また、港湾設備の整備が帆船のより効率的な運航に寄与したことや、帆船船主が継続的な経営努力による更なる運賃の低減に努めたことが挙げられる。このように、スエズ運河の開通と2段膨張機関の蒸気船への装備化によって、ようやく蒸気船にも物資輸送を可能にする条件が整ったにもかかわらず、帆船の物資輸送面での優位は変わらなかった。また、海運業界においても、スエズ運河の開通によって多くの船舶が地中海を経由したことから、これ

までのイギリスを全ての物資集積地及び中継基地とした海運システムを限定的ではあったが終わらせることになった。

　では、スエズ運河の開通と２段膨張機関の装備によって、物資輸送が可能な容積の確保と条件が整ったにもかかわらず、船腹量、輸送量共に蒸気船が帆船を凌駕するのが遅れた要因はどのようなものであったのであろうか。この点について、坂上茂樹氏の、「船舶のような技術複合体は、それを構成する各技術サブシステム相互間のアンバランスが作品である上位システム、即ち船舶の維持を困難とし、時には大惨事にもつながる」という考え方を参考に、帆船と蒸気船を構成する各構成品相互間のアンバランスの存在と、その是正がいかに進められたのかを詳細に検証することによって、従来とは違う側面・尺度で移行時期の特定を再考してみた。

　その結果、帆船を構成する構成品は、それぞれが独立したものであり構成品相互間のアンバランスを考慮する必要がなく、常に最新の技術を、しかも完成された形態で導入・艤装することが可能であった。そのことが、省人化機械類の艤装に代表され、運航にかかわる諸経費の削減につながり、結果として運賃の低減を可能にし、帆船にとっては不利であったスエズ運河の開通以降においても、十分蒸気船に対抗でき帆船が優位を維持し得た要因であった。一方、蒸気船は、帆船に比べるとその構成が複雑で、それぞれの構成品は相互に連携して作動し、相互間の照応・整合を図る必要があった。特に舶用蒸気機関そのものも、ボイラ、復水器、機関から構成され、これら相互間のアンバランスも是正する必要があった。これら構成品相互間の全ての照応・整合が図られることによって物資輸送を担える真の蒸気船が完成することになる。全ての照応・整合がとれたのは、舶用蒸気機関が小型で、かつ船体の大きさに見合う推進力を出せる高圧蒸気を作りだせるボイラの完成まで待たねばならなかった。これら構成品相互間の照応・整合が完了した時期は、多段膨張機関の完成と、安価で品質の良い鋼の製造と入手が可能となり、多段膨張機関に見合う高圧蒸気を作りだせる全鋼製円筒形ボイラの完成、及びパイプ製造技術の進歩によって、常時真水給水を可能としボイラの稼働率を格段に向上させた蒸化器付き表面

復水器が完成された時期で、それは1884年頃であった。この時期は、奇しくも船腹量で蒸気船が帆船を追い抜いた時期と一致し、量的な面での移行時期を技術面でも裏づける結果となった。

　蒸気を利用する機械はアレキサンドリアのヘロン（Herôn）の汽力球に見られるように、紀元2世紀ごろには既に存在していた。ヘロンのその装置は、噴出する蒸気の反動を利用して球を回転させるもので、現在の蒸気タービンの原型のようなものであった。このように早くから蒸気を利用する機械の可能性が知られていたが、この技術的知識が実際に蒸気動力機関にたどりつくまでに千数百年の年月を要した。このように、帆船から蒸気船の時代への移行は必ずしも直線的な軌跡を描いて進んだわけでなく、例えば黎明期の蒸気船は安全面で多くの問題を抱かえていた。また、ボイラの安全性や鉄製船体の導入によるコンパスの作動への影響などが不安視され、蒸気船の普及はこうした失敗と紆余曲折を経て結実したものである。この遅れの原因は、蒸気動力機械の製作過程が、材料、伝達機構、工作機械等の数多くの個別技術が関係し、それら関係する技術の発達の程度に依存していること、また、新しい形式のもの造りの技術を推進する背景には、生産活動や経済活動、安全性や効率の向上といった社会的、経済的な要求が常に存在していることである。その要求を満足するためには、より高度な材料や製作技術を必要とし、技術の集合体ともいえる船舶、特に蒸気船の建造と、その進歩には、材料技術、加工技術、及び工作機械のような機械製作技術の進歩がその背景にあることが確認できたといえる。19世紀に入り、産業革命の進展によってこれら技術革新も急速に進んだものの、依然として、上述した関連技術の発展の程度の差は存在し、物資輸送可能な蒸気船の完成までに時間がかかったことが、帆船を延命させた要因でもあった。

　関連技術の進歩の程度の差による、船舶を構成する多くの構成要素相互間の照応・整合性という尺度で再検証した帆船から蒸気船への移行時期が、船腹量という尺度での帆船から蒸気船への移行時期と同じ結果となったこと、および蒸気船から帆走装置であるマスト艤装がなくなった時期と

も同じであったことは、これら移行時期に関する各論者の結果を技術的な見地から裏づけることができたといえる。

また、風と海流という自然現象に依存していた帆船が、「なぜ、蒸気船より19世紀を通して優位を維持できたのか」という疑問に対しても、帆船における蒸気動力機械の導入に見られるような積極的な新技術の導入による継続的な経営努力も要因の一つであるが、これを可能にしたのは、新技術を利用した各装置間の連携が無く個別に自由に艤装でき、蒸気船のような構成品相互間の不整合の是正という時間的遅れが存在しなかったことが、帆船の継続的な優位を可能にした主要因であったと考えられる。加えて、物資輸送能力を備えた蒸気船の完成が遅れたのは、郵便補助金制度に頼った蒸気船運航会社の積極的な経営努力の欠如も要因の一つではあるが、帆船に比べより複雑で、各構成品相互の照応・整合が必要であったために、これらの不整合の是正に多くの時間を要したことが主要因であったと考えられる。

また、帆船が物資輸送という場で優位を維持できた要因として、当時の帆船を建造する造船業者や造船技術者、及び帆船船主が、蒸気船の登場という衝撃に圧倒されるのではなく、それに対して積極的に反応したことが、帆船独自の進化・発展を推し進めたといえる。そして、新技術が旧技術を一挙に駆逐するかのようにとらえる"単線的"な技術発達史観は、旧技術の意外な抵抗・努力を見過しがちであることも分かった。

物資輸送を主任務とする船舶の技術的進歩はしばしば運用コストの低減を主たる目的として展開され、船舶の技術的条件として、市場の地域的範囲が船舶の大きさを決定し、運送の質としては、運送の迅速性・安全性・規則制・確実性で表される。また、運送能力の利用度を高い水準に維持することが海運会社の主たる目的であり、その方策は、船舶の稼働率を高く維持すること、即ち、港湾に停泊する時間を短くし、実際に航海に従事する時間を出来る限り多くすること、そして、空船航海や一部積みの航海を少なくし、貨物の積載能力を出来る限り有効にすることである。本研究を振り返ってみると、大量の物資の輸送を目的とする船舶の完成のために行

われた、帆船と蒸気船の進歩の過程は、上記の各項目を満足するために行
われ、港湾設備等のインフラストラクチュアの整備・進歩も、船舶による
物資輸送を効率的に行うためのものであったと理解できる。

（注）本書で用いた「イギリス」という呼称には、イングランド、スコットラン
　　　ド、ウェールズの三地域からなるブリテン島と、現在南北ふたつの部分に
　　　分かれているアイルランド、それに近海の島嶼部を含む。

年	船体艤装等における特記事項	ボイラ
18世紀後半期	木造・小型・外車：運河、河川用	煉瓦或いは鋼製箱型ボイラ
1816		
1819	最初の大西洋横断蒸気船：外車船サバンナ号	鉄製箱型ボイラ・海水使用
1821	最初の鉄製蒸気船： アーロン・マンビー号（1822年就役）	
1832		
1834		蒸留水（真水）をボイラに使用
1836	最初の航用鉄船：レインボウ号　羅針盤の修正	
1837	グレート・ウェスタン号進水　機関：直動式	最初の円筒形ボイラ装備
1838	スクリュー・プロペラの装備 　→ 高速化（アルキメデス号）	
1839	グレート・ブリテン号の建造	
1843	鉄製・スクリュー船： グレート・ブリテン号の就役　大型化 物資輸送船としては不適であるが、一応の完成	
1848		鉄製円筒型ボイラ・蒸留水
1853		
1856		
1857		
1861〜62		
1862	最初の鋼製蒸気船：リバプールで建造	
1868		
1874	水管ボイラ搭載：プロポンティス号	水管ボイラ初めて使用
1877	英国海軍鋼製軍艦アリス号建造 　→ 鋼船の時代の始まり	
1880年代	2軸スクリュー、帆走目的の艤装無くなる	
1884	給炭は必要であるものの物資輸送船としての一応の完成	全鋼製円筒形及び水管ボイラ
1904	物資搭載容積の更なる増加と高速化が可能となった	英国海軍水管式ボイラ選択

付図1　物資輸送用蒸気船への道のり（1）

復水器・蒸発器	機関	金属材料	工作機械
なし	単気筒機関	パドル鉄の一般化	大型シリンダ用 中ぐり盤
噴射復水器		パドル・圧延法：鉄板の量産化	
多重効用式蒸発器による真水製造			
表面復水器発明			
			大型鍛造用蒸気 ハンマー発明
	2段膨張機関		
		転炉鋼発明（ヘンリー・ベッセマー）	
改良型表面復水器（金属伸縮対策）			
	3段膨張機関	平炉鋼発明（シーメンス兄弟）	
		シーメンス・マルティン法 （平炉製鋼法確率：量産化）	
改良復水器＋改良型蒸発器（蒸化器）		鋼の品質の均一化且つ安価	引き抜き鋼管の製造
	4段膨張機関		

年代	蒸気船体の形態	機関形態	ボイラ形態	復水器形態（ボイラ供給水）	物資輸送船としての能力評価
～1818	木造船体 外車	単式レバー	箱型ボイラ 煉瓦から銅製へ	なし	小型：人員・少量物資輸送、曳船、フェリーとして運航
1819～	木造船体 外車	単式レバー	鉄製箱型ボイラ	噴射復水器（海水・航洋）	旅客が主 鉄の利用によって、箱型ボイラの耐圧性能が向上したが、依然、重く、占有容積が大きく、燃料消費も多く物資輸送は困難、但し石炭補給が容易な沿岸航路においては物資（主として石炭）を輸送していた
1836～	鉄製船体 外車	単式レバー	鉄製箱型ボイラ	表面復水器（真水・海水補給：航洋）発明はしたが普及は遅れる	鉄製船体となり大型化が実現したが、依然、重く、占有容積が大きく、燃料消費も多く物資輸送は困難であり、旅客及び郵便輸送のみで大西洋横断 1838年シリウス号蒸気機関のみで大西洋横断
1843～	鉄製船体 スクリュー・プロペラ	単式回転	円筒型ボイラ	表面復水器（真水・海水補給・長距離航洋）	大型化、旅客・郵便・小型完成品：物資輸送には不適であるが、船体と単式回転舶用蒸気機関の整合が図られ、蒸気船としては一応の完成状態である、グレート・ブリテン号が就役した
1853～	鉄製船体 スクリュー・プロペラ	2段膨張	鉄製円筒形ボイラ	表面復水器（真水・長距離航洋）	大型化、旅客・郵便の他に若干の物資輸送が可能となる ホルト社の8500マイル無補給航海の実績 蒸気圧力が少なく、蒸気漏洩による水補給は海水のため、舶用蒸気機関としては不整合がみられる
1884～	鉄製船体 スクリュー・プロペラ	2～4段膨張	全鋼製円筒形ボイラ又は水管ボイラ	蒸化器付き表面復水・真水補給（真水：長距離航洋）	大型化、船体・機関・復水の進歩の完成により、物資輸送蒸気船として一応の完成 2軸スクリュー、帆走用マスト等の無装備

付図2　物資輸送用蒸気船への道のり（2）

参 考 文 献

【凡例】掲載する引用参考日本語文献の発行年については、各書籍奥付の表記法に従った。（本文内図表出典、注も同じ）

I 一次文献（欧語文献）
(1) Lloyd's 関連文書
・*Lloyd's Register of British and Foreign Shipping*, 1834-1890.
・*Lloyd's Register of British and Foreign Shipping. Rules for Wood & Composite Ships*, 1897.
・*Lloyd's Register of British and Foreign Shipping.* (*United with the Underwrwriter's for Iron Vessels in 1885*) *Rules & Regulations for the Construction and Classification of Vessels* From 1st July, 1895, to the 30th June, 1896.
・*Lloyd's Register of British and Foreign Shipping.* (*United with the Underwrwriter's for Iron Vessels in 1885*) *Rules & Regulations for the Construction and Classification of Steel Vessels.* 1921-1922.
・*Annals of Lloyd's Register*, 1884.
・"Mast Particulars", *Lloyd's Register Survey Report*, 1884.

(2) 英国議会資料 (British Parliamentary Papers：BPP)
・"*First Report From the Select Committee on Packet and Telegrap Contracts*", in BPP 1860, VOL XIV, Paper 328.
・"*Contract Packets: Report of the Committee on Contract Packet*", in BPP 1852-3, VOL XLI, Paper 137.
・"Suez Canal (Trade from the East)", in BPP 1883, VOL LXIV Paper Bord of Trade.

(3) 図書
・Mitchell, B. R., *British Historical Statistics*, Cambridge University Press, 1988.
・Mitchell, B. R., *Abstract of British Historical Statics*, Cambridge University Press, 1976.
・犬井正監・中村壽男訳『イギリス歴史統計』原書房、1995 年。

(4) 特許
Commision of Patemts, *Patent for Invention, Abridgmen of the Specification Relating to, Ship Building, Repairing Sheathing Lainching, & George* E. Eyre and William Spottiswood, 1862.

Ⅱ 二次文献

1 欧語文献

(1) 欧語図書

・Aldocroft, D. H., *Transport in Victorian Britain*, Manchester University Press, 1988.

・Baker, W. A., *From Paddle-Steamer to Nuclear Ship: A History of the Engine-Powered Vessel*, London: Watts, 1966.

・Chaudhuri, K. N., *Trade and Civilisation in the Indian Ocean: An Economic History from the Rise of Islam to 1750*, Cambridge University Press, 1985.

・Clapham, J. H., *An Economic History of Modern Britain*, Cambridge University Press, 1932.

・Clark, A. H., *The Clipper Ship Era: An Epitome of Famous American and British Clipper Ship, Their Owners, Builders, Commanders and Crews 1843-1869*, G. P. Putnam's Sons, 1910.

・Cornewall-Jone R. J., *The British Merchant Service*, Sampson Low, Marston & Company, 1898.

・Desmond, C., *Wooden Ship-Building*, The Rudder Publishing Company, 1919.

・Dickinson, H. W., *Robert Fullton: Engineer and Arist, His life and Works*, John Lane, 1913.

・Doys, H. J., & Aldocroft, D. H., *British Transport*, Leicester University Press, 1969.

・Dye, F., *Popular Engineering*, E. & F. N. Spon, 1895.

・Fayle, C. E., *A Short History of the World's Shipping Industry*, George Allen & Uuwin Ltd., 1933.

・Ferreiro, L. D., *Ships And Science*, The MIT Press, 2007.

・Fincham, J. Esq., *A History of Naval Architecture*, Whittaker And Co., 1851.

・Headrick, D. R., *The Tools of Empire: Technology and European Imperialism in the Nineteenth Century*, Oxford University Press, 1981.

・Headrick, D. R., *The Tentacles of Progress: Technology Transfer in the Age of Imperialism, 1850-1940*, Oxford University Press, 1988.

・Hollet, D., *From Cumberland to Cape Horn*, Fairplay Publications Limited, 1984.

・Hope, R., *A New History of British Shipping*, John Murray, 1990.

・Hoskins, H. L., *British Route to India*, London, 1928.

・Hyde, F. E., *Blue Funnel A History of Alfred Holt and Company of Liverpool from 1865 to 1914*, Liverpool University Press, 1956.

・Kirkaldy, A. W., *British Shipping: Its History, Organization and Importance*,

Kegan Paul, Trench, Trubner & Co., Ltd., 1914.

・Lindsay, W. S., *History of Merchant Shipping and Ancient Commerce*, Vol. 4, 1876.

・Macdonald, A. F., *Our Ocean Railways Or, The Rise, Progress, and Development of Ocean Steam Navigation*, Chapman And Hall, Ld., 1893.

・MacGregor, D. R., *Fast Sailing Ships, Their Design and Construction, 1775–1875*, Naval Institute Press, 1973.

・McCulloch, J. R., *A Dictionary Practica, Theoretical and Historical, of Commerce and Commertial Navigation*, Orme, Brown, Green, and Longman, 1840.

・Middlebrook, S., *Newcasle on Tyne: Its Growth and Achievement*, 1968.

・Peason, F. H., *The Early History of Hull Steam Shipping*, 1984.

・Porter, G. R., *The Progress of The Nation, In Its Various Social and Economical Relations, from The Beginning of The Nineteenth Century to The Present Time*, 1851.

・Rankine, W. J. M., *A Memoir of John Elder, Engineer and Shipbuilder*, William Blackwood and Sons, 1871.

・Robinson, H., *Carring British Mail Overseas*, George Allen & Uuwin, 1964.

・Smith, E. C., *A Short History of Naval and Marine Engineering*, Babcock And Wilcox, LTD., 1937.

・Tames, R., *The Transport Revolution in the 19th Century, 3. Shipping*, Oxford University Press, 1971.

・Thearle, S. J. P., *Naval Architecture*, William Collins, Sons, & Company, 1876.

・Thornton R. H., *British Shipping*, Cambridge University Press, 1939.

・White, W. H., *A Manual of Naval Archtecture*, John Murray, 1894.

・Wilson, T. D., *An Outline of Ship Building, Theoretical and Practical*, John Wiley & Sons, 1876.

(2) 欧語論文

・Allen, E. E., "On the Comparative Cost of Transit by Stem and Sailing Colliers and on the Different Models of Ballasting", *Proceeding of the Institute of Civil Engineers*, No. 14, 1854–55.

・Bramwell, "Economiy of a Fuel in Steam Navigation, Considered in Relation to Compound-Cylinder Engines and High-Pressure Steam", Proceedings of the Institution of Mechanical Engineers, 1972.

・Cable, Boyd., "The World's Fast Clipper", *The Mariner's Mirror*, 1943.

・Cardwell, D. S. L., & Hills, "Thermodynamics and Practical Engineering in the Nineteenth Century", *History of Technology*, 1976.

・Fairlie, J. A., "The Economic Effect of Ship Canals", *Annals of the American*

Academy of Political and Social Science, Vol. XI, January 1898-June 1898. pp. 54-78.

· Graham, G. S., "The Ascendancy of the Sailing Ship 1850-85", *The Economic Hirtory Review*, New Series, Vo 9, No. 1, 1956, pp. 74-88.

· Harley, C. K., "The shift from sailing ships to steam ships, 1850-1890: a study in the technological change and its diffusion", *Essay on a Muture Economy: Britain after 1840*, 1-3 September 1970.

· Harley, C. K., "British Shipbuilding and Merchant Shipping: 1850-1890", *The Journal of Economic History*, Vol. XXX, pp. 262-266.

· Harley, C. K., "Ocean Freight Rate and Productivity, 1740-1913: The Primacy of Mechanical Invention Reaffirmed", *The Journal of Economic History*, Vol. XLVIII, No. 4, 1988, pp. 851-876.

· Headric, D. R, "British Imperial Postal Networks," XIV International Economic History Conference, Helsinki, 2006.

· Hughes, J. R. T., "The Suez Canal and World Shipping, 1869-1914: Discussion", *The Journal of Economic History*, Vol. 18, No. 4, 1958, pp. 575-579.

· Hughes, J. R. T., "The First 1,945 British Steamships", *Journal of the American Statistical Association*, Vol. 53, No. 282, 1958, pp. 360-381.

· Knauerhase, R., "The Compound Steam Engine and Productivity Change in the German Merchant Marine Fleet, 1870-1889", *The Journal of Economic History*, Vol. 28, 1963, pp. 390-403.

· Mckechnie, J., "Review of Marine Engineering during the Last ten Years", *Proceeding of the Institution of Mechanical Engineers*, 1901.

· Meeker, R., "History of Shipping Suisides", *Publication of the American Economic Association*, 3rd. Series, Vol. 6, No. 3, 1905, pp. 507-736.

· North, D., "Ocean Freight Rates and Economic Development 1750-1913", *The Journal of Economic History*, Vol. 18, No. 4, 1958, pp. 537-555.

· Rowan, F. J., "On the Introduction of the Compound Engine, and Economical Advantage of High Pressure Steam: with a Description of the System Introduction by the late Mr. J. M. Rowan", *Transactions of the Institution of Engineers*, Ship. Scotland, 1879-1880.

· Samuda, J. D., "On the Influence of the Suez Canal on Ocean Navigation", *Transaction of the Institution of Naval Architects*, Vol. 11, 1970. pp. 1-11.

· Skelton, R. W., "Progress in Marine Engineering", *Proceeding of the Institution of Mechanical Engineers*, 1930.

· Spencer, J. F., "On the Mechnical and Economical Advantages and Disadvantages of Surface Cpondensation", *Transactions of the Institution Engineers*, Scotland,

1860-61.
・Ville, S., "Shipping Industry Technologies", *International Technology Transfer: Europe, Japan and the USA 1700-1914*, 1991, pp. 74-94.
・Walton, G. M., "Productivity Change in Ocean Shipping after 1870: A Comment", *The Journal of Economic History*, Vol. 30, No. 2, 1970, pp. 435-441.
・Wells, D. A., "Recent Economic Changes", *Selections Economic History*, Macmillan & CO., Ltd., 1911, pp. 298-325.

2 邦語文献
(1) 邦語図書
・アシュトン、T. S.、中川敬一郎訳『産業革命』岩波書店、1973 年。
・荒井政治、内田星美、鳥羽欽一郎編『産業革命の技術』有斐閣、1981 年。
・アンダーソン、R.、松田常美訳『帆船 6000 年の歩み』成山堂、平成 11 年。
・今井宏『パイプ造りの歴史』アグネ技術センター、1998 年。
・今尾登『スエズ運河の研究』有斐閣、1957 年。
・入江節次郎『独占資本イギリスへの道』ミネルヴァ書房、昭和 37 年。
・上野喜一郎『船の歴史 第 3 巻（推進編）』天然社、昭和 33 年。
・上野喜一郎『船の世界史・上巻』舵社、1980 年。
・上野喜一郎『船の世界史・中巻』舵社、1980 年。
・上野喜一郎『船の知識』海文堂、昭和 54 年。
・宇治田富造『重商主義植民地体制論』第 1 部 青木書店、1972 年。
・内田星美『産業技術入門』日本経済新聞社、1974 年。
・エンゲルス編、向坂逸郎訳『資本論（二）』岩波書店、1969 年。
・大橋 周治『鉄の文明』岩波グラフィック 13、1983 年。
・大野真弓『イギリス史』山川出版社、1954 年。
・岡田泰男編『西洋経済史』八千代出版、1996 年。
・門脇重道『技術発達のメカニズムと地球環境の及ぼす影響』山海堂、1992 年。
・川瀬進『航海条例の研究』徳山大学総合経済研究所、2002 年。
・北正巳『スコットランド・ルネッサンスと大英帝国の繁栄』藤原書店、2003 年。
・黒田英雄『世界海運史』成山堂書店、昭和 47 年。
・グリフィス・D.、栗田亨訳『豪華客船スピード競争の時代』成山堂、平成 10 年。
・コート、W. H. B.、矢口孝次郎監修、荒井政治・天川潤次郎訳『イギリス近代経済史』ミネルヴァ書房、1985 年。
・後藤伸『イギリス郵便企業 P&O の経営史 1840-1914』勁草書房、2001 年。
・小林学『19 世紀における高圧蒸気原動機の発展に関する研究（水蒸気と鋼の

　　時代)』北海道大学出版会、2013 年。
・小松芳喬『英国産業革命史（普及版）』早稲田大学出版部、1991 年。
・今野源八郎編『交通経済学』青林書院、昭和 32 年。
・坂上茂樹『舶用蒸気タービン百年の航跡』ユニオンプレス、2002 年。
・佐藤建吉「ヨーロッパ産業革命」日本機械学会編、『新・機械技術史』日本機
　　械学会、2010 年。
・塩野谷祐一『シュンペーター的思考』東洋経済新報社、1995 年
・シュンペーター、J. A.、塩野谷祐一・中山伊知郎・東畑誠一訳『経済発展の理
　　論上』岩波書店、1977 年。
・庄司邦昭『図説船の歴史』河出書房新社、2010 年。
・杉浦昭典『大帆船時代―快速帆船クリッパー物語―』中公新書、1979 年。
・杉浦昭典『帆船史話』天然社、1978 年。
・スプラット、H. F.、石谷清幹・坂本賢三訳「舶用蒸気機関」チャールズ・シ
　　ンガー編著『技術の歴史第 9 巻　鉄鋼の時代／上』第 7 章筑摩書房、1979 年。
・ソウル・S. P.、久保田英夫訳『イギリス海外貿易の研究・1870-1914』文眞堂、
　　昭和 62 年。
・地田知平『海運産業論―船舶の技術進歩と海運業の構造―』千倉書房、昭和
　　53 年。
・ディキンソン、H. W.、磯田浩訳『蒸気動力の歴史』平凡社、1994 年。
・ティモシェンコ・S. P.、最上武雄監訳『材料力学史』鹿島出版会、2007 年。
・ドッズ、J.、ムーア、J.、渡辺修治訳『英国の帆船軍艦』原書房、1995 年。
・ネイシュ、J.、須藤利一訳「造船」、チャールズ・シンガー編著『技術の歴史
　　第 8 巻 産業革命／下』第 19 章 筑摩書房、1979 年。
・バーンスタイン、W.、鬼沢忍訳『華麗なる交易』日本経済新聞出版社、2010
　　年。
・バクウェル・P. S.、ライス・P.、梶本元信訳『イギリスの交通』大学教育出
　　版、2004 年。
・浜林正夫・篠塚信義・鈴木亮編訳『原典イギリス経済史』お茶の水書房、1967
　　年。
・平凡社、『国民百科事典』第 10 巻、1979 年。
・ベック・リュードウィヒ（中沢護人訳）『鉄の歴史 第 4 巻 第 2 分冊』たたら
　　書房、昭和 44 年。
・ヘッドリク、D. R.（原田勝正・多田博一・老川慶喜・濱文章訳）『進歩の触
　　手』日本経済評論社、2005 年。
・ヘッドリク、D. R.（原田勝正・多田博一・老川慶喜訳）『帝国の手先―ヨーロ
　　ッパ膨張と技術―』日本経済評論社、1989 年。
・堀元美『帆船時代のアメリカ・下巻』原書房、1982 年。

・堀経夫『英吉利社会経済史』章華社、1934 年。

・丸山益輝『科学技術論』丸善株式会社、1979 年。

・水野祥子「森林政策」、秋田茂編『イギリス帝国と 20 世紀 第 1 巻 ―パクス・ブリタニカとイギリス帝国―』ミネルヴァ書房、2004 年。

・元綱数道『幕末の蒸気船物語』成山堂書店、平成 16 年。

・矢崎信之『舶用機関史話』天然社、昭和 28 年。

・矢野源八郎編『交通経済学』青林書院、昭和 34 年。

・山崎勇治『石炭で栄え滅んだ大英帝国』ミネルヴァ書房、2008 年。

・湯沢威編『イギリス経済史―盛衰のプロセス―』有斐閣ブックス、1996 年。

・横井勝彦『アジアの海の大英帝国』同文館出版、昭和 63 年。

・ラングドン、J.、モリス、R. J.（米川伸一・原剛訳）『イギリス産業革命地図』原書房、1989 年。

・ランデス、D. S.（石坂昭雄、富岡庄一訳）『西ヨーロッパ工業史』みすず書房、1985 年

・リリー、S.（伊藤新一・小林秋男・鎮目恭夫訳）『人類と機械の歴史増補版』岩波書店、1968 年。

・レイヴァリ、B.（増田義郎・武井摩利訳）『SHIP 船の歴史図鑑―船と航海の世界史―』悠書館、2007 年。

・ロップ、A. M.（鈴木高明訳）「造船」、チャールズ・シンガー編著『技術の歴史 第 9 巻 鉄鋼の時代／上』第 16 章 筑摩書房、1979 年。

・ロルト、L. T. C.（磯田浩訳）『工作機械の歴史』平凡社、1989 年。

・ロルト、L. T. C.（高島平吾訳）『ヴィクトリアン・エンジニアリング』鹿島出版会、1989 年。

(2) 邦語論文

・片山幸一「イギリス産業革命期の貿易と海運業 (1)」『明星大学経済学研究紀要』第 27 巻第 2 号、1996 年、3-14 頁。

・片山幸一「イギリス産業革命期の貿易と海運業 (2)」『明星大学経済学研究紀要』第 28 巻第 1、2 号、1997 年、28-43 頁。

・片山幸一「イギリス産業革命期の貿易と海運業 (3)」『明星大学経済学研究紀要』第 30、31 巻合併号、2000 年、5-20 頁。

・北正巳「イギリス海運企業史」『季刊創価経済論集』Vol. XXVII、No. 3・4、1998 年、1-16 頁。

・後藤伸「スエズ運河と P&O」『香川大学経済学部研究年報 27』、1987 年、173-220 頁。

・後藤伸「インドへの汽船交通の確立」『香川大学経済論集』第 57 巻 第 3 号、1984 年、151-173 頁。

・小林学「19 世紀後半の舶用ボイラ発達における鋼の重要性について」『科学史

研究』第 49 巻、2010 年、65-77 頁。

・坂本和一「製鉄業における機械体系の確立過程」『経済論叢』第 100 巻第 2 号、
京都大学経済学会、昭和 42 年、65-84 頁。

・澤喜四郎「19 世紀後期イギリスにおけるバルク貿易の発展」『山口経済学雑
誌』第 32 巻第 3・4 号、山口大学、昭和 58 年、25-71 頁。

・澤喜四郎「蒸気船の遠洋航路への進出と帆船との競争」『山口経済学雑誌』第
33 巻第 1・2 号、山口大学、昭和 59 年、79-112 頁。

・高田富夫「船舶技術と開運の発展」『海事産業研究所報』No. 387、1998 年、7
-17 頁。

・中川敬一郎「P&O 汽船会社の成立」『土屋喬雄教授還暦記念論文集　資本主義
の成立と発展』有斐閣（『経済学論集』東京大学経済学会第 26 巻 1・2 合併
号）、昭和 34 年、276-301 頁。

・林薫雄「ロイヅの史的変遷」『松山商大論集』第 16 巻第 2 号、1965 年、1-24
頁。

・山田耕治「二つの海を繋ぐ古代からの夢スエズ運河」土木遺産の香第 47 回、
Civil Engineering Counsultant. Vol. 243、2009 年、58-61 頁。

・山田浩之「イギリス海運業形成過程の基本的特質」『経済論叢』第 78 巻第 4
号、京都大学経済学会、昭和 31 年、18-35 頁。

・山田浩之「イギリス定期船業の発達と海運政策（1）」『経済論叢』第 87 巻第 1
号、京都大学経済学会、昭和 36 年、97-111 頁。

・山田浩之「イギリス定期船業の発達と海運政策（2）」『経済論叢』第 87 巻第 3
号、京都大学経済学会、昭和 36 年、33-55 頁。

・山田浩之「近代海運業分析の方法と課題」『経済論叢』第 90 巻第 5 号、京都大
学経済学会、昭和 37 年、21-42 頁。

・山田浩之「海運業における交通革命―帆船から蒸気船への移行過程について
―」『交通学研究― 1958 年研究年報―』日本交通学会、1958 年、247-278 頁。

あ と が き

　人と海の歴史的な関わりを多面的に扱う海の歴史（海事史：maritime history）の範囲は、海運、海賊や私掠行為、船、港湾、海軍、科学技術、海難そして文学というように広範・多岐にわたっている。本書は、このうちの19世紀の海運と船の技術的進歩を中心に纏めたものである。周知の通り、歴史の研究は過去の史実の研究であり、当時の記録・文献等を正確に読み解く洞察力が必要である。とはいうものの、はたして正確に読み解けたかと自問自答すると、甚だ心もとない次第であり反省するところ大である。

　筆者は大学卒業後、海上自衛隊の技術幹部として、主として艦艇搭載武器の開発、設計、維持整備に長く従事してきた。その間、護衛艦の推進機関も蒸気機関、ディーゼル機関から、現在では、ほとんどがガスタービン機関に変化してきた。また、搭載武器システムの制御も、アナログからデジタルに変化し、特に、武器システムを構成する各構成要素間の整合を図ることの難しさも経験した。

　周知の通り、船舶は多くの構成要素からなる総合技術の複合体である事は、現在も昔も変わらない。本書のテーマである「なぜ、帆船から蒸気船への移行が約1世紀という長期間を要したのか、また、帆船が優位を維持し得た要因は何なのか」という疑問を研究しようとした背景には、船の推進力を気象・海象に頼っていた帆船に比較し、蒸気船は、其の推進力を蒸気機関という新しい装置に依存しており、当時の蒸気機関を構成する各装置及びその材料の製造技術の進歩に大きく影響を受け、それら各構成要素間の進歩の遅れ進みの整合を図ることの難しさが要因の一つではないかと考えた点と、船舶そのものの歴史を再考・考察することにより解明しようと考えたことにある。

　これまで「帆船から蒸気船への移行時期」については、産業革命と関連付けて論じられたもの、スエズ運河の開通に焦点をあてて論じられたもの

等、すでに多くの国内外の研究者が論文を出されており、特に後続の筆者にとっては、あまりにも資料が多いために、それらを読み解くのに四苦八苦の毎日であった。特に、古い文献の内容と、近年の研究データの相違点も散見された。その検証に大いに役立ったのが、一次資料として利用したイギリスの歴史統計に関する図書と、18世紀以降の船舶の記録を記述した、Lloy's Register であった。また、19世紀に発刊された関連図書については、再復刻版や電子図書によるところが大であった。

本書の内容および構想については、様々な場所でそれを報告する機会に恵まれた。まず広島大学大学院総合科学研究科社会文明研究講座『社会文化論集』では、本書の内容と方向付けを報告した。また、日本科学史学会西日本大会及び年総会、日本技術史教育学会年総会及び関西支部総会、及び日本産業技術史学会での発表並びに各学会への投稿において、多くの方から有益なコメントを頂いた。

本書を纏めるにあたって、終始一貫、懇篤にご指導を頂いた広島大学大学院総合科学研究科の市川浩先生にお礼を申し上げたい。先生は、筆者に対して一対一でのゼミナールや指導を通じて、資料の読み方、論旨の進め方等、多岐にわたって貴重なご助言と示唆を与えてくださった。また、筆者に多大な示唆と貴重なご指摘を頂いた、広島大学大学院総合科学研究科の吉村慎太郎先生、布川弘先生、隠岐さや香先生（現 名古屋大学在職）に改めてお礼を申し上げる。

また、本書作成にあたって、多くの示唆を頂いた東京工業大学の梶雅範先生（平成28年7月18日逝去）並びに日本科学史学会の皆さま、日本技術史教育学会総務理事の堤一郎先生はじめ日本技術史教育学会の皆さま、田中一郎先生をはじめ日本産業技術史学会の皆さま、蒸気機関に関する貴重なご助言を頂いた千葉工業大学の小林学先生に感謝の意を表します。

また、使用させて頂いた図で、転載許可の許諾を確認しましたが返事がなく、私の判断で使用させて頂いた図があることをお断りするとともに、謝意を表します。

人 名 索 引

船 名 索 引

事 項 索 引

著者略歴

吉田　勉 （よしだ　つとむ）

昭和 22 年 4 月　京都市生まれ

昭和 46 年　千葉工業大学卒（金属工学）

昭和 46 年　海上自衛隊幹部候補生学校入校（技術幹部候補生）

昭和 47 年　海上自衛隊幹部候補生学校卒業　3 等海尉任官　遠洋航海

昭和 48 年〜平成 15 年　海上幕僚幹部、技術研究本部、造修所、実験隊等、主
　　　　　　として艦艇搭載砲熕武器の開発・造修の配置を歴任
　　　　　　この間、米国留学、国内大学院留学

平成 15 年〜平成 23 年　㈱日本製鋼所在職

平成 22 年〜平成 26 年　広島大学大学院総合科学研究科博士課程後期に在籍

平成 26 年 3 月　博士（学術）の学位を取得

19 世紀「鉄と蒸気の時代」における帆船

令和 2 年 4 月 5 日　発行

著　者　吉田　勉

発行所　株式会社 溪水社
　　　　広島市中区小町 1-4（〒 730-0041）
　　　　電話 082-246-7909　FAX 082-246-7876
　　　　e-mail: info@keisui.co.jp（代表）
　　　　URL: www.keisui.co.jp

ISBN978-4-86327-519-5　C3022